在被愿望照亮的那片世界里，

人活得最快乐。

野心是看不见的排名

闫晓雨 著

新世界出版社
NEW WORLD PRESS

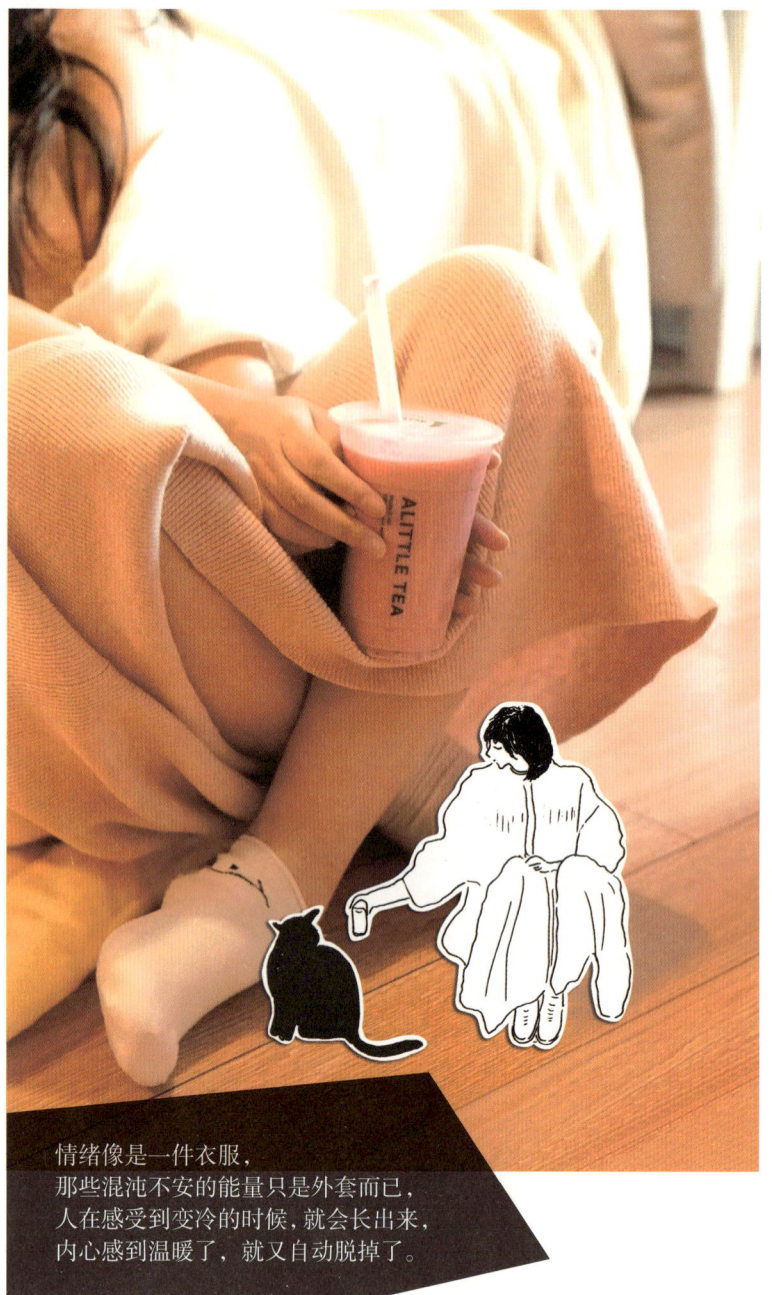

情绪像是一件衣服,
那些混沌不安的能量只是外套而已,
人在感受到变冷的时候,就会长出来,
内心感到温暖了,就又自动脱掉了。

热爱的另一个名字叫在场。
如果你的理想不是谋生的职业，
也别把火种熄灭。
始终保持不下"牌桌"，
才能等来赢的机会。

尽管水深火热，
可青春不就是用来上蹿下跳的吗？
怕黑，最好的方式不是开灯，
而是让自己变成发光体。

岁月悠悠，你可别被忽悠。
真正的美，其实是一种自信的张力，
不是五官惊艳，
而是对生活向上的姿态；
不是身材苗条，
而是自律笃定地追求心中所爱。

这一生志愿只要平凡快乐

谁说这样不伟大呢

也许有一天你会问，
我们经历的这些痛苦有什么意义？

我的回答是：
教你学会爱自己，
爱自己的平凡，
也爱自己的不凡。

如果没有期待的话,
人生这条路也太远了。
有些人觉得30岁一切都来不及了,
而我却感觉我的正片才刚刚开始。

不要去"糟蹋"自己的人生。
我们行走到此,翻开生活这一页,
绝非偶然,
野心是我们不曾放弃对想象的追逐。
成长这件事,我们不能假手他人。

用天真的方式去面对生活中严肃的问题。
所谓定力，就是在波澜中，
慢慢找到属于自己的节奏。

并非所有的人际关系都要天长地久，
才配得上"美好"二字。
像一本小说，可能它的大结局并不如人意，
但仍旧不能否认这一路书写的意义。

前　言

野心是活着的愿望和梦想

"你是主角，跌宕是必然的。"

编辑看完稿子后发来这句话，我竟有些想哭。

她是真的懂我。

她说："一个小镇出身的女孩，裸辞创业，旅居路上收集故事，在大城市里摸爬滚打仍没丢失本性，活得热气腾腾。"

"对于自身成长的执着，也是一个人的野心。"

在一个人的野心里能看见未来。你的野心是什么，你的未来就是什么。

野心是活着的愿望和梦想，它更像是一把"锤子"，你要用它凿向命运的铜墙铁壁。在你打算凑合过这一生的时候，你会因为这些活着的愿望而觉得生活还有盼头。

在过去的很多年里,我是害怕这个词的。野心?太庞大了,这是不是一种不自量力?我只想做小而美的事。我一个普通人配得上"野心"这两个字吗?

从小到大,我都被提醒着:"要乖、要可爱、要孝顺、要以他人为优先",很少有人告诉你,你要先照顾好自己。包括许多影视作品中所描述的那种"大女主",也是"有条件的主角",要足够美,足够聪明,才有资格被聚光灯追逐。

我想告诉你,不是这样的,拥有野心的人,会拿到不一样的人生剧本。

不给自己希望,就会充满失望和绝望。

愿望只是一个意愿,野心会让你付诸行动。它不是贪婪狂妄,更不是单纯的物欲。它是勇气,是智慧,是永不枯竭的动力。

))

野心是看不见的,它与出身、地位、长相、学历这些外在的东西无关。

这些女性成长的故事,会让你看见向上的生命力,教你去发现真正厉害的人:有痴迷于东方美学并为此打造出一本时尚杂志的 95 后女主编,有为了梦想去海边创业开店的老板娘,有努力工作攒钱去国外继续读书的打工人,有每一个为了自己内心的"月亮"而不断俯身捡"六便士"的平凡青年……

你看，她们并非世俗中所谓的人生赢家，她们不甘被别人定义，各自从荒野中收集溪流、迎着疾风、听着松涛，汇聚成自己独特的风景。她们随时准备着把自己扔进困难里，扔进那些看似不那么平坦却有光的路途。

每一个始终守护自己野心的人，都不是平庸之辈。

人活着不是要克服欲望，而是要放大"积极的欲望"。人只有在足够强大的时候，才有资格谈自己的欲望。我们来到此地绝非偶然，那是因为我们不曾失去期待，不曾放弃追逐。

成长这件事，你不能假手他人。

野心是有记忆的，它永远记得该去的方向。它时刻在创造一个崭新的你，把你从混沌的现实里捞出来，为你注入心力，让你的天赋更容易被看见，也让你活得越来越情愿。

))

有一天临睡前，我收到一条私信。

对方说："我是看着你一路走来的'骨灰粉'，看到你在写作这件事上坚持这么久，然后有了结果，真的很厉害，我们好多人换了一个又一个赛道,始终没有找到自己,只能一边迷茫一边看你的文字治愈自己。"

人生是一条远路,我们总是在"可能"和"不可能"的十字路口做选择。比起许多聪明的朋友,我是迟钝的,总赶不上所谓的"风口",恰恰也因这份迟钝,让我一直跋涉在写作这条路上,却没有被过分的渴求和贪心扰乱节奏。

那些你以为的缺点,其实是改变你命运的优点。

生活里真正的狠角儿,都是有野心的人。你只需要单纯地带着一种成为自己的野心,忠于自己,就没有什么能让你感到害怕。

如果有什么动力能支持你十年、二十年专注于一个目标,那只能是野心。

它从来不是你前行的负担和累赘,反而让你的生命愈发耀眼,而是滋养我们最好的养分,它不在金玉良言和旷世秘籍里,它就藏在我们心里。

拥有期待,你会肉身疼痛,失去野心,你会灵魂疼痛。

野心是愿望的汪洋大海里最沉默的那一朵浪花,却能在你的心里掀起骇浪惊涛。没有野心的人看到的世界,永远都是别人描述的样子。当你拥有野心的时候,你的人生画卷里最精彩的那个篇章,才真正开始缓缓展开。

要相信，但不指望。会依赖，但不攀附。享受爱，但不执着。

有些人的人生是新鲜的果子，充满活力，有些人的人生被制作成罐头和果酱，失去了原有的鲜活。我想保留自己的原汁原味，不去放大生活的苦，也珍惜生活的甜。

为愿望而活，无论风暴把你带到哪一处岸边，你都能找到自己的应许之地；为愿望而活，你随时都可以把自己扔进滚烫的生活里，熬炼出一身勇气。

你不必用力地走向任何人，你只需要走向你自己，保护好自己的野心，哪怕现在的它不被人知晓和认可。你的野心只属于你，请不要把它关在门外。

如果你的野心是"去吹旷野的风，去做自由的梦"，那也很好。

也许有一天你会问，我们经历的这些痛苦有什么意义吗？

我的回答是：教你学会爱自己，爱自己的平凡，也爱自己的不凡。

闫晓雨

2025年1月于北京

目 录

01 出来混,重要的是先出来 /002

02 与原生家庭和解,
或许很难但并非无解 /017

03 我们是相爱的,
但未必需要天长地久 /030

04 心有热爱,自不荒芜 /047

05 做着文学梦的我们,
被困在房租和社保里 /059

06 结局不如人意,
仍不能否认一路书写的意义 /071

07 我的孤独,
好像和这世界没关系 /083

08 暗潮汹涌的时代,
　　想做个直白的人　/ 090

09 野心是看不见的排名　/ 099

10 如果没有期待的话,
　　人生这条路也太远了　/ 112

11 当你内心足够丰盛时,
　　一个人也会很快乐　/ 125

12 新时代的女孩,
　　不必再服"美役"　/ 135

13 爱了很久的人,
　　配得上任何结尾　/ 147

14 能不能做成一件事,
　　取决于愿望的浓度　/ 159

15 这一次,
　　我决定重新拿回生活的主动权　/ 173

16 宇宙万象,
大不过一个渺小又珍贵的你 /186

17 大雨滂沱时,
你瞧那人在雨中散步 /198

18 内耗,是一场和自我想象的战争 /207

19 那些自由职业的人,
现在过得怎么样 /220

20 读书到底能不能改变人的命运 /232

21 祝你拥有不必通往罗马的自由 /239

出来混，
重要的是先出来

))

你相信吗？

这世上很多人生来的课题，

就是不断漂浮，不断折腾，不断扎根，不断生长。

我们所有称之为"迷茫"的状态，

恰恰都是改变的机会。

18岁的时候我以为这辈子都不会走出小镇。我会在故乡的步行街，开一间糖水铺，在人来人往间，逐渐变老。28岁的时候我突然觉得，也许未来我会环球旅居。

这个世界就是一个巨大的"小镇"，所有的布局脉络，当你亲身蹚了一遍后，摸清它的底层构造，你会发现它的繁华与清寒、混沌与斑斓、漆黑与皎洁，其实本就是一体的。

人生不是非得走出的迷宫，而是一部正在播放中的电影，比起走到终点，更重要的是投入当下，全情享受。我们压根无须给自己设限。

好好体验，别把心思放在揣摩大结局上。

虽然至今，我也并不确定自己以后会生活在什么城市，和什么样的人在一起，但我确信，我会一直用自己的方式去编织故事。

可能我会在大理洱海旁租一个院子，伴随着日出日落写小说；可能我会在三十岁后，抛掉一切束缚，出国读个书；可能我会在某一日，在互联网上干脆销声匿迹，躲进谁也寻不着的深山老林里禅修；当然，更大概率可能呈现的生活状态是，每年一半时间在路上，一半时间在家乡，就在老妈的身旁，听着家人的唠叨在吵吵闹闹的缝隙里书写新篇章。我可能是你身边任意擦肩而过的一个路人，任何发型、任何职业都可能。因为我完完全全是自由的，可以绽放为自己想要的任何样子。我磅礴的勇气来自看到了真实细微的可能性。

我长大后结交的这些女性朋友,她们几乎改变了我看待世界的方式,时刻提醒我用更多元的视角去触碰生活。

如果此刻的你不知自己想要的是什么,可以去看看那些你所欣赏的人,那些尊重自己的体验、活在"喜悦之道"的人,她们在做什么。

世界上没有两朵相同的花,但总有一朵花,会懂另外一朵花。

她们和我一样都是普通人。恰恰是这份"普通",让我感受到,原来当一个人全力以赴地朝着自己的理想疾驰而去时,那种浑身光彩四射的时刻,足够照亮,足够传承,足够能给予她身边所有人一种全新力量。

你愿意正确,还是快乐?

生活这道题从来都没有标准答案。

请相信当下每一天的发生,都是在把你带往你应该去往的远方,你会在体验、创造、毁灭又重塑的成长过程里,一遍遍弄清楚自己的来龙去脉。

你以为这是一场考试,事实上这只是一场游戏,我们所有称之为"迷茫"的东西,恰恰都是改变的机会。

))

　　我的好朋友阿凉，和我同一年来到北京。

　　我们第一次见面在东四四条，那时"小彻甜品店"还没关门。我们点了两杯拿铁，社恐的我并不擅长和陌生人交流，面前的女孩齐耳短发，眼神里有着豹子般的敏锐，她和我分享她刚在一家头部互联网公司实习完，入职了一家做生活方式内容的媒体公司，她写的吃喝玩乐攻略，至今是我见过既保留个人鲜明特色又富有商业价值的内容。

　　我们都是文字工作者，却是两条完全不同的职业路径。
　　我更偏"写作"，她更偏"策略"。
　　我更偏"理想主义"，她更偏"投入产出比"。
　　我更向往成为一名创作家，她则更有做生意的头脑。

　　后来很多年，我们成为心照不宣的好朋友。不是那种甜得发腻的友谊，我们不会称呼对方"亲爱的"，也不时常聊天，基本上隔几个月一起出去逛逛胡同、吃吃饭，这种淡淡的关系反而令我更舒服。
　　比起分享隐秘的少女心事、爱恋和情绪话题，她是我身边少有的理智型女友，她的冷静和目标感，时常令我瞠目结舌。
　　当我还在公司里按部就班以"打工人"的心态感慨着，这样的人生什么时候才是个头的时候,她就已经在主动争取自己想要的东西了。

彼时她在工作中接触到一位东方餐饮酒水品牌的老板,对方很赏识她的做事能力,她也很果决,迅速加入对方的公司,成为集品牌、市场、新媒体运营于一身的负责人,第一年做出不俗成绩,第二年她主动和老板沟通自己在这个平台的发展,几经讨论后,她成为合伙人,并获投资开店,顺利拥有人生中第一家属于自己的酒馆。

那家店在三里屯开业的时候,我们在里面开了派对。

一身国风旗袍的她,举手投足之间,尽显一个年轻老板的野心。

这种"野心"恰恰是在传统社会语境中很少看到的存在,是一种对自我的极致追求,一种不破不立的决心,一种温柔的凌厉。她身上没有任何讨好感,充满了坚定和平静。

我为拥有这样的朋友感到骄傲,她让我看到,一个人,没有恐惧地活着,顺着自由意志生长出的样子多迷人。

我的这个好朋友做出任何选择和决定,我都不意外。

比如她后来跑出去创业;比如她搬到了故宫旁边的院子,一人一猫,离群索居;比如她有段时间尝试"极简生活",几乎不买衣服,靠自己的搭配就出彩。

极有趣的灵魂也时常带给我创作的新鲜感。

去年年初,她突然在一个饭局上宣布:"我要去日本留学了。"

我一脸错愕。

那时我看她国内的事业风生水起,原本按照大多数人对职业上升期的规划,肯定要一路高歌猛进,拿到"某个结果"再全身而退,她偏偏不是这样。

"30 岁的人生才刚刚开始嘛!我想去看看新的世界。"

轻描淡写的背后,我知道,这个决定不是她的一时兴起,更深层次的原因是她当时处在一种"感觉人生很虚无"的状态,按照世俗眼光,她已经很优秀了,可每个人想要实现的个体价值和自我追求不同,所以她想要换个地方,重新开始。

我们憎恶的从不是自己的野心勃勃,而是自己的懦弱和卑微。正是那些愿望的驱动,让人步履坚定。

从她开始准备到真正出国,不到一年,她飞东京的那天,我也在飞机上,从成都回北京。

我们两个人命运般错过,揭开下一个十年的序幕。

））

阿凉的故事给了我很大动力。

我现在越来越期待自己的 30 岁了。

在狭窄的生活里,我想做个宽阔的人,我想要倾听更多来自外部真实世界的声音,我写作、采访、旅居,因为我深信,当一个人足够敞开的时候,就越能观照自身,拥抱更多的可能性。

有一天我在家里看《十三邀》的纪录片,许知远采访安藤忠雄。

这是一位我非常喜欢的建筑家。

他的人生很传奇,最早是职业拳击手,后来自学建筑,28 岁成立了自己的事务所,被日本那个年代的年轻人称作"清水混凝土诗人",非科班出身的他,一路用自己的设计理念和作品征服世界,冲破外界诸多妖娆的障碍。

现在的他 80 多岁了,依旧以各种方式,做鲜明的表达。

保持好奇与耐心,活跃在自身的热爱里。

安藤忠雄在采访中说:"我 20 多岁的时候,没人听我说什么;现在我 80 多岁了,每天都有人来采访我。我后面的人生还长着呢。"

安藤忠雄还说:"我认为,一个人真正的幸福并不是待在光明之中。从远处凝望光明,朝它奋力奔去,就在那拼命忘我的时间里,才有人生真正的充实。"

山有山的棱角，尘埃有尘埃的自由。
你此生的目的不是为了取悦他人。你手中从来都有选择的权利，你有能力为自己的一切选择负责。或奔跑，或休息，或兜兜转转，这是你的人生地图，你完全可以选择自己的解锁方式。

))

选择的前提是你知道生活并非只有一个标准答案。学会诚实面对自己，才能释放出你的能量来。

如果我们总是试图压抑自己，所有囤积在内心、没有生长出来的东西，都会在精神里成为一个"瘤"，不断打开自己、释放自己，是一个疗愈自我的过程。

老师教我们知识，医生帮我们调养身体，家人和朋友给予我们适度的关心，但如果你不能向处在情绪沼泽中的自己伸以援手，终究是无法解决问题的。

你是唯一能够帮助自己的人。

有段时间，我常在小红书接到一个女孩的私信，大段大段抱怨生活，在她的描述下，父母完全不支持她出国读书的想法，男友不愿给任何资助，她说自己感觉很窒息，没有出路，也无法动弹。

我问："那你和父母沟通过吗？"

她说沟通过，但家境清寒的现实，的确无法给到太多经济支持。

我问："那你有考虑过自己趁寒暑假打工赚钱吗？"

她回复我："打工好辛苦哦。"

然后又是密密麻麻的小作文，吐槽自己的男友如何不上进，自己的父母不理解自己……生活对她诸多不公平。

我具体了解过后才知道，这个女孩学习成绩普通，高考失利后，在本地读了一所二本院校，大学期间她完全陷入对未来的担忧中，专业课没好好上，想考研又下不了决心，看到舍友在为出国努力，每次看到对方提及理想时脸上的憧憬与光彩，不知何去何从的她，干脆"偷个梦想"吧。

她坦言，她并不了解国外的生活，也没特别向往的国家或学校，更没有做过大量的调研和学习参考。

"我就是觉得自己学历低，出国镀个金，也许是条路。"

女孩说出实话后，我反而觉得她有几分可爱了。

贫穷，不是没钱，而是在用消极的眼光看待生命中的所有事物。

))

事实上，在很多人的成长过程中，都易陷入这种逃避型思维，比如在一团乱麻的工作和生活窘境中，不是去提升自我，而是想着"结个婚吧"，以为另一半就是自己的摆渡人。抑或盲目报了很多课程，每条路都跃跃欲试，沉迷在"我很努力"的假象中，完全不去认真思考自己到底需要的是什么。

像这个妹妹一样，期待把自己的人生完全托付给别人。没有出国的预算，就怪父母和男友。看不到未来，移花接木，把别人的目标当作自己的方向。

在日复一日的情绪折磨下，她忘记了，自己才是自己的救世主。面对这样的成长困局，你要做的不是迁怒他人，更不是自怨自艾，而是把注意力集中到自己身上。

想要和生活和解，首先需要内心的平和。

感受自己内心深处真实的渴望，去找到自己的热爱，培育自己的能力，分析自己的相对擅长和相对优势，有这些情感内耗的功夫，完全可以落实在学习或赚钱的具体事情上。

和学历没关系，很多人把自己的不如意归因到过去，事实上，你要做的是朝前看，努力把握当下。

我认识的许多朋友都不一定是高学历，但她们照样活出了自我。

我也是，一个普通大学毕业的普通女孩，完全靠写作"杀"出一条血路来。

真正强大的人，不会被浪潮推着走。

哪怕风浪再大，都要把不移之物攥在手中，刻在心里。这种信念感，是每个远航的人都要有的。

年轻时候的我们徘徊、游移、怯懦，都很正常，但请不要让这样的时光占据你全部的青春。这段话写给每个身处迷茫期的女孩。

请记住：当你能够提出问题时，你自己本身就具备解决问题的能力了。

))

广阔天地，任君来去。

别再说"我不行""我不能""没人帮我"这样的话了，我们对自身的不自信，才是拉开人与人之间差距的本质。

和大家分享我另一个好朋友的故事。

她叫林开心。

人如其名，她有一张明媚的笑脸，足以抵御生活的阵阵严寒。

她这个人很有意思。我眼中的她是这样的:"高能量执行力""疫情期间逆流而上开店的餐饮店老板娘""永远都在折腾,她有一颗帮助更多女孩成为富婆的心",她身上有一种不服输的劲儿,鲜活、炙热、无所畏惧,干了再说,总是在行动,且总能拿到一定结果。

她常说的一句话就是:"我相信我可以做到,你也可以哦。"

五年前,她还只是国企的一个普通上班族.下班后热爱写作的她,想要在这条路上走得更远,就去付费学习了各种自媒体知识。

后来白天工作,夜里在家做写作副业的她,靠着持续的优质输出,做出了自己的自媒体账号,并因此吸引到出版社编辑,出了人生中的第一本书。

再后来她考察到喜欢的餐饮项目,想要在广东地区加盟开店,却资金不够,但为了创业,她想尽了千方百计,最后卖房踏上了创业之路……

当然,听到这里,大家可能觉得太冒险了,我当时听到这个故事的时候也是一样的感受,这样"试错"的成本是不是太高了?但转念一想,人生的所有选择本质上不都是试错吗?

如果所有人都有未卜先知的能力、都想看到确定的好结果才出发,那这个世界上,人人都是赢家了。

一个女性的创业之路，远远要比想象中更艰辛。

开心的娘家人对她说："感觉你还是在国企老老实实上班好，别折腾来折腾去，把既有的东西折腾没了。"

身边更多的声音则是"你都当了妈妈了，要多为孩子考虑呀""你要顾家""你这样开店太辛苦了，不好平衡家庭与事业的"。在重重阻碍下，她和自己的爱人商量并得到他的支持后，勇敢地跳出了这些边边框框，选择去做自己喜欢的事情。

你的梦想一定要大于目标，所以要给自己一个足够大的梦想。

今年春天，她又从深圳搬到厦门，开启全新的品牌创业之路。

有人开玩笑说她这是"抛夫弃子"，她只是笑眯眯地说："我们又不是富二代，如果你都不为自己的人生拼一把，要谁来帮你。这是你自己的人生啊。"

她对我说，就算她失败了，她也不后悔。

她说这话，我信。

但我更相信她能做到、做好，做得浪漫又惊喜。

执行大于认知，不要沉溺于大道理和空想。想干就去干，你的执行会提升认知，你的认知反哺你的行动，和真实的生活交手，才能长出灵性的血肉。

就这样，半年，她在厦门开出 5 家餐饮店。

夜里，她开着车带我在海边兜风唱歌的时候，像个娇憨的小女孩；白天，她在自己的餐饮店，一边忙着给员工培训一边细心照顾客人的时候，又令我想到港剧里的女老板，飒爽英姿，举手投足间充满气场。

用开心自己的话说："创业就是主动吃苦，是心怀希望地吃苦。"

"无论我是当老板还是在打工，我都要给自己希望，一个人状态好做什么都很顺，对我来说，快乐是排第一的，你开心了，才能赚到钱。"

保持心力，斗志昂扬。

这个世界是不是草台班子不重要，重要的是，这个班子得是你自己搭的。

))

那些活出理想人生的女孩，恰恰是从不定义我必须活成一个什么样子的人。

20 岁住在天通苑合租房的阿凉不会想到十年后自己出国读书。

30 岁已婚有娃的开心不会想到自己的"创业路"竟在结婚

后……

打破成长的局限性，先从信赖自己开始。

能成事的人，有信念感，却无执念，拼尽全力就是圆满。这样的道理纸上得来终觉浅，还是要每个人亲身去体验一遍才深刻。

爱自己的本质就是支持自己。

我们常常对爱有各种附加条件：要变美、要有钱、要变优秀、要有明晃晃的优点。

事实上，这些都不重要。

从此刻起，认真观照自己的心，任何一种状态下的自己都值得被珍重对待。

出来混，最重要的是先出来。

成为一个丰盈的人，不需要多大的筹码，先把手里这张牌打出去。

永远不要担心走投无路，当你成为自己人生的基建者，你的每一天、每一个动作、每一次努力，都是在给自己铺路。

与原生家庭和解，
或许很难但并非无解

02

))

原生家庭这个课题，无法一次偿还，

就像是分期付款，年年月月，日日夜夜，

总有一天它会从我们的账户上划清的。

只是有的人贷款三年，有的人贷款三十年。

))

你想要肤浅的快乐，还是深刻的忧伤？

在惠州旅居的日子里，我们一群好友，经常围炉夜话。这个问题，是我在某次抽卡牌游戏中抽到的——当时我愣了一下，然后脑子里迅速出现一个答案，分享给大家："我希望生活中我可以肤浅而快乐，在创作中做到深刻而忧伤。"

我从小就和周围的小伙伴不太一样。

过年人声鼎沸时，我会在一片祥和氛围中抽离，感觉莫名难过；和喜欢的人告白相拥，情到浓处，会掉眼泪。在一切盛大的、快乐的、丰盈的状态下我都更易滑向另一个极端。

我总是比常人走得更快一步，在感知告别和失去这件事上。

和身边朋友提到类似情况。

我说："可能我太悲观了。"

对方常会停下手头的事情，一脸担忧，像拯救失足青年的表情说："你别难过呀，要快乐一点。"

我要怎么说，其实这种"悲伤"是上天对我的恩赐。令我更敏感捕捉到生活的细节。在我看来，悲观不等于消极，传统的教育理念里总是天然抗拒悲观教育、告别教育、死亡教育……事实上，从东方哲学的角度看，生命在诞生前源自土壤，那些土葬的尸骨转化作肥料，火化时蒸发的水分凝结成雨水落下来，被植物和动物吸收，经过漫长的岁月，转化成它们的一部分。也许我们所体验的无常，才是永恒。在尽头之后，在消亡之前，时间未必以线性的流畅凶猛扑向虚无。

谁的生活没有创伤呢？谁的生活平滑如瓷。

总有一些东西要超越当下。

悲观和快乐也不冲突。

当我们享受酩酊大醉的酣畅感时，势必酒醒后也会有一阵头疼。

人世间，俗人俗理，提胆闯人海，蜜枣、砒霜都客观。

我日常的快乐是真实的，幸福也是真实的，但我这个人的底色就是悲观的。

究其原因可能是我有一个失散20年的爸爸。在我5岁的一个夜晚，亲眼看见自己的父亲想"掐死"自己，之后父母离婚，我跟妈妈回到老家生活，从第二天开始直到此时此刻写书的这一日，我们都没有再见过对方。

过早地看到事物衰败的轨迹，总令小孩显得老气横秋。

互联网上近年来有个热词叫"断崖式分手"，形容情侣之间突兀地决裂分开，猛然结束一段关系，往往叫人措手不及、痛苦万分。而我亲历的则是"断崖式遗弃"，不知道究竟是父亲抛下了我，还是长大后的我抛下了年幼的自己。

我也是在漫长的成长中,从渴求外界的爱到开始不断向内心寻求,才逐渐明晰自己太拧巴、缺乏安全感,对一切情感不敢有天长地久的憧憬,这份"悲观"来自哪儿。

表面看是来自原生家庭,更深层次或许是作为一个孤独个体,过早触及了人生的真相:每个人都终究要独自行走。

))

悲观的功能在于提醒。

我悲观,是因为看破,我已经能够接受生命中的一切失去,可以正视无常。

对我来说,活着就是一场梦,一场巨大的幻觉,所有人都是过客,我的世界里本质上只有我自己,我常觉得自己就像《红楼梦》里贾宝玉佩戴的那块石头,所有爱恨别离,权当记录人间。

说这些不是一个成年人的故作潇洒,或假意释怀。而是在穿越潮湿的青春隧道里,我尝试过很多次后发现,抱怨是没用的,在原生家庭这道具体的课题里,也许每个人都是受害者;追责和逃避只会让我们陷入对人生的虚无,过去的事无法改变,眼前这棵树已成型,庞杂细密的枝丫上爬满岁月的斑驳,我们总不能砍倒重来，能做的不过是把自己当作一个老园丁，不停地修剪，不停地用自己的方式给它浇水施肥。

树不是我们栽的，因不是我们种的，但结出什么样的果子还是可控的。

一味地归因到父母身上，并不能减轻我们人生的困顿和沮丧，不妨试着，让自己跳出这个旋涡，试试看。

也许很难，但并非无解。

成长就是一场旅行，我们无法选择出发地，但可以决定目的地。

回想起来，我是从15岁开始写作就在不停矫正自己的人生方向了，因为大量无处安放的情绪，我选择用文字的方式记录下来。

并默默告诉自己：一切成长都以重建生活为目的。

家里没钱没资源，我选择一个人北漂，不图什么名利富贵，只想靠自己的努力成为一个独立的"实心人"。性格乖戾又不善言辞，就去阅读，与书中的人物隔空交朋友，拥有诸多不离散的挚友。虽在原生家庭里没有得到过完整的、充沛的爱，可并不影响我收获了很多有趣的朋友和可爱的读者，恰恰因这一路的敏感和柔软，令我更想要用自己的力量去帮助别人。

我的真诚和共情，成了一种天赋。因为我真的能感受到"爱别人像爱自己"的幸福感，我一直觉得，我们所有人都是一个整体，所有的给予，最终都会回到你身上。

那就多爱自己一点，顺便再多爱这世界一点。

我是被我自己养育着的婴孩。

童年时在草原看过的日落和听到的神话，姥姥温柔地摸头，青春期里的大雨、摔倒和傻笑，成年后与这世界每一次的交手，我都做到全力以赴。

好好生活，是一种朴素的爱。这二十多年来，我从未对自己感到抱歉，我只想对她道谢。

谢谢你，把我"养育"得这么好。

))

原生家庭这个课题，无法一次偿还，就像是分期付款，年年月月，日日夜夜，总有一天它会从我们的账户上划清的。

只是有的人贷款三年，有的人贷款三十年。

直到此刻，我也还在用自己的方式偿还着这笔债。

近几年对我来说帮助特别大的，不是一个人，而是一本书，一本你可能听说过的畅销书——《你当像鸟飞往你的山》，推荐所有女孩都来看看，动人的故事里隐藏着我们的样子。

我一直好奇，一个人的人生走向究竟是受家庭、相貌、财富等外部因素影响更多，还是受自身本质的意志力和心气影响更多，我带着这样的困惑走进这本书。

看到书中的主人公，亦是作者本人，她出生在一个物质和精神双重贫瘠的家庭里，她的成长，一路被阻扰，只能在帮父亲干活的间隙偷偷读书，并坚持写作。

后来翻越原生家庭这座大山，一步步走到教育的殿堂。

印象深刻的是，作者在去剑桥读书之前，她跟克里博士有一段对话。

克里先生对她说："先找出你的能力所在，然后再决定你是谁。"

真正的教育不只是在学校里，而是贯穿在人生这个大课堂里。主人公来到大学的本意是学音乐，但找到自己心中的使命后，她又转向对政治、哲学和历史的研究。她无惧推翻重来。因为这就是她一路走到剑桥的秘密。

决定自己强大的，来自内心。当一个人不再害怕打破自己时，就真的长大了。

正如她在这本书的最后写道："你可以用很多说法来称呼这个

自我——转变,蜕变,虚伪,背叛。而我称之为——教育。"

这本书带给我的震撼很大。我认为,书中所指的教育除了世俗意义上的"知识的力量",更是一个人自我养育的能力。

生命就是一场重建。原生家庭不能给我们的,我们要学会自己给自己。

))

执着于与原生家庭和解,无异于刻舟求剑。

当然清楚说出这话的我,也曾在时光这条河里无数次地逆流而上,无数次地往返于那个"五岁的夜晚",试图拥抱那个不知所措的小女孩。也曾午夜感怀,幻想过如果自己出生在另外一个健全的家庭,会不会好一些,会不会少一些回忆的酸楚。仅仅是瞬间,我就打消了这个念头。

因为任何剧本,都有高光和遗憾。

若这些假设都成立,那我同时要失去的还有这些年里自己的独特体验。

我可舍不得。

有人只需要一碗阳春面,有人得到满汉全席都不是滋味。与其嘲弄命运的无情戏虐,不如干脆顺着它的手指,一路旋转到灯

光下。

你内心的那个小孩儿,她一直在等待你的帮助。

内心平和的至关重要在于,不要试图把解题的资格让给别人。无论是你的亲人、爱人还是朋友。只有自己才是接得住自己的人。

人活在对爱的幻想里,注定扑空。

解决问题的根本方法是不要把它当一个问题;让自己变强大的根本是相信两手空空才能轻装上阵。当一个人没有执念时,就没有什么能够伤害到他。

在成长这趟过山车里我们都有过颠簸,但当九转十八弯后,你会忘记过程中的惊险、恐惧和如芒刺背,只会彼此庆幸还能安全大笑。

))

能决定你是谁的,只有你自己。

很抱歉,我没说太多同情你的话,因为这只是徒然。

幸福的人不会提及"原生家庭"这个词。

提及的人,这道课题就无法真正和解,人生不存在所谓尘埃落定,漂浮而悬空地去追逐明天的太阳,这就是人类的课题。

坦白地说，人就是血肉之躯，复杂的情感成因，混沌的时代，鸡同鸭讲的代际沟通，横看成岭侧成峰，家庭生活几十年的爱恨情仇无法一夜之间消失，在互联网上的"爽文"和"大女主影视剧"里或许可以，但真实的生活中，没人能轻易做到。

就像我在这篇文章的写作中，我以为自己足够平静。

提到"爸爸"这两个陌生的字眼，脑海中突然闪过一幅画面，那是我的高二，圣诞节，平日里人缘就好的我，收到了许多同学送来的礼物，我抱着一大堆包装精美的礼物穿过老家的步行街，大雪纷飞，脚下的积雪厚厚的，我的心却很轻快，青春期女生的虚荣心上头，感觉自己是全世界最幸福的人。

走到杜尔伯特广场时，雪没过了我的小腿肚，这事儿在内蒙古冬天一点也不稀奇。

这时，我注意到前面有一对父女。个头中等的男人停下来，蹲在地上，示意旁边的小女孩到他背上来。小女孩看起来四五岁的样子，梳着童花头，笑嘻嘻地就跳了上去，然后两个人就继续往前走了。

他们的背影看起来那么平常，又那么刺眼。

那一刻，我愣在原地，然后丢掉手里所有的礼物，蹲在地上大哭，全世界最幸福的人不是我了。一想到这是自己从未体验过的"父爱",就这么具体地、真实地、活灵活现地出现在我眼前,我的眼泪就止不住。

长到快30岁了,我每年想到父亲的次数不太多,极少。但这一幕却在我的脑海中时常浮现。有人说"人终将被自己年少不可得之物困其一生",是的,无论是5岁的我,还是15岁的我,那些错过的、缺失的东西永远无法弥补。

一个人的幸福并不会因现在的获得,而能去馈赠过去的自己。

很多时候,我们不是走不出,我们只是歉疚,觉得对不起内心的那个小孩儿。

可是,别忘记,当下的你同样珍贵,如果我们因为这一场大雪,就埋葬掉所有的希望和可能性。无疑在你的生命中就又给自己制造了另一场大雪。

当我们还是一个小孩的时候,不曾被这世界温柔以待;但是当我们成为大人以后,可以尝试在一次次的回溯里,去善待自己内心的那个小孩儿。

我们能原谅原生家庭多少,就能原谅自己多少。

这些年,从无法言说到难以启齿,再到小范围地倾吐给挚友。到此刻能够把这些故事通过文字写出来,有时我也会把自己家里的事当成玩笑讲给新朋友们听,什么我的"酒鬼"父亲,已经有

20年没见啦;虽然我没有爸爸,但我可能在这世上有很多兄弟姐妹;我要感谢我爸,给了我这么多奇葩素材……不熟悉的人,以为我在开玩笑,但我却在一次次的讲述中,不再那么应激。

或许,有一天,还会变成我去讲脱口秀的段子。

困难是无法"消灭"的,痛苦也不会真的消失。发生过的一切都历历在目,但我们可以控制回忆的次数和力度,我们还能换个视角去瞧瞧。

没有经过苦难的强大显得浅薄,没有好好爱过自己的灵魂显得孱弱。

原生家庭不好的人,就像淤泥里开出的莲花。

这一天,春和景明,恰逢人间喜鹊落枝头,我们带着轻轻的善意来到岁月这条河流旁,四下无人,只有一条船,你左顾右盼等不来渡你过河的人,然后起身自己撑着杆,踏上了旅程。

我们内心深处的一切冰冻,都会因流动而融化。人生只要继续往前,就会有新的生长、新的景色。千言万语,都抵不上一次出发。

总有一刻,你会清楚,只有自己才是自己的"摆渡人"。

不必为了等待远方寄来的一个好结果,而把自己绑在箭弦上。大胆一点,解开生命中一切不需要的束缚。

把自己当作自己的父母,重新爱自己一遍。不要太紧张,你眼前所惆怅的,或许对你整个人生的走向没有直接影响。就算有影响,也未必是坏事。

我很喜欢"塞翁失马"这个故事,红尘滚滚,天下事都无法被定性,你的人生少经过一个十字路口,都无法抵达此刻。

真好,这一年,我终于放轻了那份我未曾得到的"父爱"。

我们是相爱的，
但未必需要天长地久

03

))

这或许是一个不够勇敢的故事，
但足够欢喜。

如果你明知道，这是一段没有结果的恋爱，还要不要全力以赴？

如果你明知道，自己拿到的人生剧本最后一地鸡毛，还要不要重来一次？

如果你明知道，这世间的一切感受终将弥散，还要不要全情投入眼前的体验？穷尽一生去理解那些大雪、暴风雨和偏爱诗的荒谬，那些我们不理解的事物、错位的故事、难以把握的结局和不可预测的命运。

一段永不褪色的回忆和一条安全却"没有你"的道路，你会怎么选？

今天给大家讲的这个故事，说平淡，又充满无限遐想；说崎岖跌宕，却又平淡到好像我们每个人都有类似的经历。

只能说，十几岁时我们向往的那种无比热烈的爱情，在真实的生活面前太过脆弱，可是亲爱的，人生不只有爱情，不是吗？

我承认。

我们有相爱的天分，却也多了几分平常人的软弱；我们有努力穿越人海拥抱彼此的决心，却也无法割舍掉自我的任何一部分。在狂暴的爱的战场上，我们终将各自为营，领悟成长的真谛。

这或许是一个不够勇敢的故事，但足够欢喜。

))

月珍是在北京认识阿宇的。

她作为翻译,参加了一场中外文化交流会,那是北京的初春,她穿了一件碧绿色的真丝连衣裙,跟着嘉宾穿梭在华美璀璨的舞会上,嘴上笑嘻嘻,其实踩着五厘米的高跟鞋的脚趾早已疲惫不堪。

趁着休息,她溜到一旁吃起了蛋糕,顺便找了个不起眼的沙发坐下。旁边一双像湿漉漉小狗般的眼睛看过来,是个满头卷发、充满少年感的男孩。

月珍一边给好友微信吐槽着,打工人太辛苦了,周末还要加班;一边犯花痴,激动分享自己看到一个帅哥,像从电影里走出来的。月珍忍不住抬起头又看了好几眼,刚好和对方对视上,就好像湖中被扔进石子,激起的涟漪一圈圈,月珍的心慌乱不已。

没想到对方主动微笑搭话:"你的裙子很漂亮呀。"

月珍惊讶道,这人的中文也太好了吧!

她说这是今年春天最流行的一种颜色,叫"薄荷曼波",可能等到明年大家就不记得了,但她的确很喜欢绿色,绿色像草原,像树,像雨后的青苔,一切和绿色有关的事物都叫人充满明媚。

男孩在一旁疯狂点头,并说自己是中法混血的华裔,从小就很喜欢中国传统文化，虽然在法国长大，却和妈妈、外婆时常用中文交流。这次来参加活动是跟着他的学长来"见世面"。他的中文口语很好，遮住脸，完全想象不到是这样一张异域风情十足的脸庞。他还有一个中文名字叫"阿宇"，因为喜欢诗人佩索阿的那一句"我的心略大于整个宇宙"，所以给自己起了这个名字。

))

人与人的关系，取决于我们听到的对方故事的多少。

活动结束后，大家各自散去，阿宇询问她怎么回去，月珍说她坐地铁，指了指亮马河对岸的方向。

就这样两个人说说笑笑，沿着河边，开始散步，月珍走着走着，从大大的帆布包里变出来一双简单舒适的鞋子，坐在路边换上，阿宇瞪大了眼睛，夸她聪明。

两个第一次见的人，有聊不完的话题，月珍大学读的是英语相关专业，初心是为了出国，无奈自己家境普通，毕业后做了翻译，实则没去过几个国家。帝都的生活成本很高，她也攒不下什么钱。

她喜欢听阿宇讲故事，从学校里的自由教育聊到他个人暑假独自旅行的冒险，一路从法国人做事情的"磨蹭"聊到美国疯狂又有趣的"火人节"，从喜欢的诗人聊到各自欣赏的摇滚乐手，月珍听得入迷。阿宇和她认识的人都不太一样，他的快乐、热情、纯粹，是身边这些每天"卷"在工作里的朋友身上没有的，感觉他永远不会疲惫。

阿宇生长的地方在法国波尔多，那里有全球最出名的葡萄酒庄园，在家乡他最喜欢去的地方是每天都会有喷泉表演的水镜广场，喷泉结束后，地面上形成一层亮晶晶的水雾，如同一面巨大的镜子。

听到这儿，月珍扭头说："诺，离这里不远的地方，有个地方叫蓝色港湾，每天傍晚也会放喷泉呢。"阿宇很自然地接道："那我们下周就去吧。"

月珍呆呆地看着眼前的男孩，他头顶的月亮又大又圆。

过了友谊桥后就是地铁站，两个人礼貌告别，而跑到地铁站里的月珍整个人都感觉麻酥酥的，好像是一场美梦的开端。

))

在这个春天，月珍和阿宇真的逛遍了北京城。

一起在朝阳公园散步，盛开的郁金香每一朵都骄傲又矜贵，他们躺在草坪上分享最近读的小说；在蓝色港湾看了音乐喷泉，蓝色的光影倒映在阿宇的眼睛里，像一块宝石，叫人忍不住想触碰；从北新桥走到国子监，月珍给阿宇讲述着"孔庙"和"雍和宫"的历史渊源，在一家名叫"一拙"的咖啡馆门前，阿宇问月珍，"拙"是什么意思。

月珍说，这就是我们中国人含蓄又内敛的文化。《道德经》里说：大直若屈，大巧若拙，大辩若讷。一个人的笨拙在我们的语境里有种迂回的可爱。

古人对他人谦称自己的妻子也叫"拙荆"。

阿宇说："你好可爱。"

说这话的时候，阿宇就那样直勾勾看着月珍，月珍只好挪过脸，长舒一口气。

好险，差点上了爱情的当。

月珍马上30岁了，她一直都觉得爱情对普通人来讲，是奢侈品。

她才没那么多功夫去谈情说爱呢，成堆的工作、生活的琐事、每个月的房租都排队等着她呢，只有和阿宇在一起，她才能短暂地遗忘谋生的烦恼。而阿宇只是一个暑假回国的大学生，对他来说，北京的一切都很新奇。月珍也是新奇的。

想到这儿，月珍突然觉得很难过。

多年前她读书的时候，在日记本里抄写过一句话："任何一种环境或是一个人，当你初次见面就预感到离别的隐痛时，那你必定是爱上了。"

回想到每一次见到阿宇的感受，那种欣喜、雀跃又无比惆怅的新奇，仿佛就是如此。

是啊，我从喜欢上你的那一刻，就一直在和你道别了。

))

没多久，阿宇去了上海。

月珍起初没太在意，只是时不时脑海里会飘过两个人的一些片段，更多时候，她习惯摇摇头，盯着手里的翻译资料继续忙碌。

可上天就是这么巧，没多久月珍就接到了公司的外派，去上海出差。

她还没有想好要不要和阿宇说，手就不由自主地发送了消息出去。

阿宇秒回，希望能在上海见一面。

月珍有些懊恼，好不容易平复下来的心，又被搅浑了，她索性回复看情况吧。

像月珍这种翻译工作，常常是要陪同嘉宾去参加活动的，留给她的私人时间并不算太多。

活动地点在和平饭店，屋外是南京东路的人山人海，屋内是冷气十足的商务饭局，看着桌子上精致的饭菜和甜品，她有那么一瞬间的晃神儿，想到了那张灿烂的笑脸。

活动结束得很晚，确保自己的嘉宾今晚在这里住宿后，月珍一个人走出和平饭店，这里这么贵，公司才舍不得给她订呢。

推开门的瞬间，盛夏的热浪就袭来，叫人眼睛湿润。

那人就站在路灯下，穿着一件米白色的衬衣，上面有类似彩色建筑的涂鸦，歪着头，傻笑着，两个人四目相对，然后走上前去，紧紧拥抱。

对岸的外滩灯光都已熄灭，全世界都安静下来。

耳边有呼啸而过的晚风，月珍觉得这一幕如此不真实，下一秒，她轻轻推开对方，看到少年张开双臂，大颗的眼泪就涌了出来。

阿宇整个人看起来像个脆弱的小孩，站在原地呢喃："我现在只能想起来一句话，我真的，好喜欢你。"

"我喜欢你。"

"从北京到上海，越来越喜欢，好喜欢的那种。"

月珍整个人都蒙了，又惊讶又开心，然后两个人开始傻傻的，一起哭。这是她长大以后听到最直接炙热的告白。她不知道这份感情何去何从，可没有人能欺骗自己的心。阿宇问："那你呢？"月珍先是点点头，又用力摇摇头，她不知道能说什么，要怎么说，在她心里，这是一份无望的、没有结果的喜欢。

阿宇揉揉她的头发说："没关系，你按照你的节奏来就好，你舒服就好，我会有我的期待，但你不用管这些。"

月珍犹豫再三，吐出几个字："我就是不太确定。"
"不确定什么？"
"你知道的，我们有着年龄差、地域差、文化差……很多很多差。我们两个人之间隔着太多不确定了。"
"可不确定性也代表着无限可能，不是吗？"
阿宇笑笑，拉着她的手往前走。

那天晚上，他们沿着黄浦江走了好久，偶有船只来往，墨色的夜里，那人的眼睛亮如明星。

清透的天空上，高高悬挂着一轮圆月，像油画一样。

月珍没有再反驳，也不想再说什么。言语在此刻失去了作用。她紧紧握住对方的手，在北京分别的时候有多难过，此刻重逢的时候就有多快乐。

美梦能不能成真不重要,重要的是先把这个美梦做好了。

我们只有现在不是吗?
现在不是可以相爱吗?

))

"我一直等着你喊我去私奔。"

月珍半开玩笑地和阿宇讲出了自己的真心话。

她终于肯承认自己的心意,是喜欢的、想念的、浓郁的。甚至不止喜欢,还想要更多,还有想要不顾一切奔向对方的疯狂念头。

她爱眼前这个具体的人,早就超过了爱一段所谓的关系。

哪怕只能短短地相爱几个月,也好过没有走进过对方的生命。

如果我们能一起创造无数个"瞬间",是不是就能偷得片刻"永恒"呢?

接下来的半年里,阿宇和月珍开启了"超人模式"。

两个人尽管在不同地方,却有可能随时闪现到对方身边。有时是青岛的栈桥,有时是傍晚的平遥古城,有时是在江南水乡的苏州，在狭窄长长的平江路分吃一份桂花糕，阿宇向学校递交了休学一年的申请，已经踏上了属于他自己的新的使命之路。月珍还是忙于工作，其他时候就省钱省时间和阿宇一起旅行。

她最喜欢的地方是泰国清迈，在塔佩门喂鸽子，骑摩托穿梭在山里，两个人走在周五的夜市里，头顶星光点点，十指相扣，她好希望这样的时光永远停下来。

阿宇也会突然出现在北京，在她公司楼下，带一束鲜花。有时是热烈的向日葵，有时是还没醒的睡莲。

有一天，他们两个人坐在公园的长椅上，月珍躺在阿宇的腿上。

路上已经没什么人了，头顶晃悠悠的树影像倒过来的海藻，她眼睛一亮，想到他们初遇时都很喜欢的诗人佩索阿。

"我知道佩索阿为什么说'我的心略大于整个宇宙'了"，当你意识到自己不再渺小，你也能创造一个独立宇宙时，你的能量就和宇宙一样大了，而当你真正启程，去创造，你的能量就大于宇宙了。

阿宇："那为什么是略大呢？"

"对啊，为什么是略呢？"月珍接着说，"可能是我们并不想和宇宙分离，所以呈现出的一个包裹姿态。"

"就像气球的尾巴一样！"

我们和宇宙的关系从来都不是割裂的，就像气球的尾巴一样，是开关，是阀门，是依恋也是出走。

人与人之间，也是如此，那种真真切切走进过彼此很深度生命的人，再也不会分离了。因为我们寄存了一部分的灵魂在对方的眼睛里。彼此就像是对方的"小尾巴"。

爱过的人，会一直爱着，以不同的维度爱着。即便有一天，我们不喜欢对方了，也会在其他的维度里，继续珍惜。

))

日子一天天过去，月珍和阿宇始终没有确定恋爱关系。

谈感受，是无比确定的喜欢。论关系，却是模糊不愿定性的。

对阿宇来说他习惯"活在当下"，在他看来，人生也只有当下。承诺，会感觉是自由的负担，是恐惧的表达。在月珍看来，她并不喜欢把"爱情"与"恋爱"画上等号，也无法把"与一个人相爱"和"必须和这个人捆绑生活"联系在一起。

本质上，他们俩的灵魂极其相似，都是忠于自由、忠于自我的人。

真正的爱既是自由意志的沉沦，也是自由意志的选择。

相爱的人，不一定非要 24 小时生活在一起，每对爱人都有权利选择自己喜欢的生活方式。

对月珍和阿宇来说，他们之间隔着的东西太多了。大家说，所爱隔山海，山海皆可平。在反复的自我拉扯过程中，月珍非常清楚，她是爱这个男孩，爱他的纯粹和浪漫，爱他的特立独行，爱他身上与生俱来的冒险精神，可她同样爱她的工作，爱自己的生活方式，她没有办法抛下一切去和自己的爱人环游世界。

而阿宇一样，他是一个同理心极强的人，能够无比感受到爱人微妙变化的情绪，时常抚慰，始终温柔，但他同样无法割舍自己"在路上"的梦想，无法停下来。

北京的枫叶红了，银杏叶落了一地，大街上的行人穿上了风衣。

最美的秋天，月珍拍下街边的风景发给阿宇，好多天，无人回应。

渐渐地，她又习惯了一个人的生活。

阿宇再次出现在月珍面前时胡子拉碴，身上只穿了一件短袖，他和朋友在原始森林里徒步，回到中国的第一天，就赶紧跑来见月珍，抱着她说："对不起，又让你担心了，又让你难过了，又让你等这么久。"

月珍拍拍他，没说什么。

带他去商场买厚衣服,然后一起吃了热乎乎的羊蝎子火锅。

没多久阿宇又消失了,月珍则慢慢适应了这个人的忽远忽近,从线上视频到偶尔发消息,再到隔着不同的时差呼吸着彼此的呼吸,那份绵延不绝的喜欢仍然在,却在无数个加班崩溃的夜晚被冲淡、稀释。

开局的双人浪漫,已变成午夜辗转的独自复盘。

多年以前,当我们还很年轻的时候,我们喜欢上一个人,对方的一言一笑都时刻牵动着我们的情绪,想到可以相见,我们何等雀跃,像《小王子》里说的那样,你说四点来,我从三点就开始幸福着。因为必须离别,我们神伤痛楚,在无数次的单曲循环里走不出那份要命的想念。

爱情,让我们拥有超出想象的勇敢,也体验到超出想象的脆弱。可现在的我们没有时间为爱伤神了。

有一天,月珍突然发现,她是在忙完所有的事情后,加班结束,躺在床上,才开始为这份呼之欲出的思念和遥不可及的爱情而感到心碎时,她觉得好滑稽。原来,一个成年人的心碎都要挑全部工作任务完成的时刻。

我是爱你的,但你是自由的。我们是相爱的,但未必需要天长地久。

))

好了，故事听到这里。

我想你已经猜到了，后来的后来，月珍和阿宇，谁都没有默契地说分开，就这样渐渐归还对方于人海。

小时候我可能会觉得这样的爱就是不够爱，会不屑于大人的冷漠、伪善、逞强与无动于衷，可现在的我终于理解，我们有时候爱一个人，却选择离开她，并非情感不够真挚，只是我们在体验爱情的同时，仍旧有捍卫自己私人生活方式的权利。

我爱你，但注定离开你。所谓奔赴将来这种事，过了一定年纪，好像，就真的做不到了。

爱得浓烈些，活得轻松些。

对月珍来说，她无法忍受漫长的分别所带来的虚无感。放你走，是我想到自己最能拿得出手的爱。

尤其是有段时间月珍因为太过于没有安全感，总希望对方能多一些陪伴给她的时候，她会察觉到自己的失控、不安，又因此无形中会向阿宇施压，两个人闹得不痛快。

"这不是我的初衷啊。"

我们曾一起去过的乐园，最终成为囚禁彼此的监牢。当最后一次在电话里争吵的时候，月珍意识到了这点，她想，是时候让彼此自由了。

))

  这篇文章，最初我打在文档里的标题是《爱情有时只是生命的一场助兴》，写到这里，我的想法改变了，活着本身就是一生一次一瞬的兴高采烈，尼采提出过一个"永恒轮回"理论，大意是如果一个人体验过一次极致的、高满足的幸福，此生她都是幸福的，因为她可以借助回忆，无数次地重温那种感觉。

  刚开始的时候我以为，爱情是像烟花一样，热烈绽放过后，就消失得无影无踪；后面发现，真正的爱，是在烟花燃烧殆尽过后仍然有缱绻的温情，这种存在就像是天空一样，是抬起头就可以感受到的存在，是无论何时何地都紧密得像呼吸一样的存在。

  你去外面的世界流浪，我就在你的眼睛里流浪。

  当我们终于不再为"一期一会"的相遇感到难过，真正的爱，在彼此照见的那一刻就已化作瑰宝，往后无数次的回忆，时间把它抛光变亮。就算深知一切会过去，那种投入其中延绵不绝的感受，仍像大海般，奔腾不息。

  人不能永远待在海里，但当你上岸远走，飘来那日的晴朗和清洌的海风，足以给眼前庸常的生活带来一阵心旷神怡。

"还喜欢吗？"月珍在内心默默点头，或许吧。直到现在，我们终于发现所谓的"分开"，也是另一种靠近。

人生很长。

也许只有分开，我才能继续爱你。我们在春天相遇，又终将各自走向新的夏天。

心有热爱，
自不荒芜

04

))

热爱的另一个名字叫在场。

如果你的理想不是谋生的职业，也别把火种熄灭。

始终保持不下"牌桌"，才能等来赢的机会。

))

很多人常问我的一个问题是,晓雨,怎么把喜欢的事情变成事业呢?

其实我也没有特别好的方法。

这个问题的答案很简单,只有两点。第一是找到你的热爱,热爱不是说说而已,要让自己保持"在场",始终不下"牌桌"很重要;第二就是"去干",真正地去爱、去行动、去受伤,而不是活在幻想里。

我的学员舒舒有阵子找工作屡屡受挫。

通常是在面试的时候会被刷下去,人事部门回复的理由含糊不清,有次她鼓足勇气问对方为什么没有录取自己,人事姐姐坦言道:"说实话,你条件不错,但就是感觉不到你对这份工作的热情和喜欢。"

后来我们聊起,其实找工作的本质和谈恋爱一样,如果对方察觉不到你的"爱",缺少那份信念感,通常是不敢表白的,这时你散发出的信号让对方没有安全感。

这也是为什么我们去做真正热爱的事情时,更易获得好反馈的根本原因,因为当你活在热爱里,会浑身散发着一种"我可以"的气质。

项飚老师在《把自己作为方法》这本书中说:"不是要你说出一个普遍的、正确的、深刻的理论,而是要把自己和世界的位置讲清楚。"如果你能找到自己内心的锚点,生活在这个时代,会自洽许多。

热爱就是年轻人可尝试的一个锚点。

每个人的精神都需要一个出口,谈梦想太过奢侈,光是娱乐和消遣又不够持久,不如给自己多培养一些"成长型爱好",读书、画画、摄影、户外运动,或者只是记录点什么,让自己内心的想法流淌出来。

这份小小的热爱,请你永远不要疏远它,不要抛弃它,即便此刻你的工作不是你最爱的,也别把火种熄灭,它仅仅是活跃在玻璃罐里的存在,亦足够点亮这疲惫的生活。

有一天,你会找到使用它的正确方法。

我特别喜欢的一个漫画家,他在赚到能够满足自己持久生存的钱后,捐掉了自己大半辈子的存款和房子,然后专心"修道"去了。他在某次访谈中说:"我36岁就赚到了让我可以吃方便面吃到85岁的钱了,所以我从36岁这天开始,再也不会切割生命去换取名利。"这太打动我了。

我想,这就是我们许多人奋斗的终极意义,把余生还给自己。希望我们不要本末倒置,别因为走得太远,而忘记自己想要的是什么。

知识是一种通道，阅读是一种通道，钱也只是一种通道，当一切经历过后，生命即将走到尽头，心有所爱，自不荒芜。

))

我的朋友海哥，在上海开了一家书店，名为"笃合书局"。

在寸土寸金的南京东路，步行去外滩，只要5分钟。

我还记得那天晚上，思思带我去灯火辉煌的上海第一百货大楼，上到八层，我被眼前这个几百平方米、温暖而广阔的书店所震撼，书店老板是那样一个充满少年感的男孩。

听完他的故事，我想你也会为之动容。

这是一间充满理想主义的书店，但海哥和许多人不同，他的情怀不是"文艺"，而是"人"。他不是那种纸上谈兵、只会做梦的伪文艺青年，而是实打实身体力行地用阅读与热爱的力量去帮助更多人。

海哥在开这家书店之前，曾是国内某知名媒体的核心成员，笃合书局开业第一年，生意并没那么好，在国内实体书店逐渐没落的今天，开书店，看起来是个不太聪明的投资。

真正的文艺家兼具艺术和实干的信仰。
他们的生活往往充满了激情、追求与深度。不仅关注个人的成长与幸福，更是以一种独特的方式与世界互动，致力于推动社会的文化进步与变革。

我问他："你是哪来的勇气开一家这么大的书店呢？"
海哥自嘲地摇摇头："谈不上勇气，只是因为喜欢，想要帮更多爱读书的人有个栖身之所。决定去做，回过神来时就已经在路上了。"

人是要为热爱争取时间的。

))

为了开好这家书店，海哥投入了他的全部。不只是金钱、时间和资源。最重要的是调动一切"注意力"，他把身边人的力量都带动了起来，过去这一年多，他联合各大社群和主理人在这家书店里落地了1000场活动，也曾"曲线救国"去单独接品牌商业项目，来反哺书店收入，我们身边但凡在上海的朋友，都会来这里助力，因为这家书店不只是一个人的书店，更是我们内心的乌托邦。

于是,这里渐渐成为一个温暖的场域,不需要浅薄的社交友谊,而是真实的人与人的互相"看见"。在充满不确定的时代里,海哥和大家,共同创造了一个安全感十足的空间。

世界丰沛辽阔,我们在一起就是护城河。

上次去上海出差,海哥给我讲了一个故事。

有一位男性时常来书店,40岁左右,不用手机,每次拿现金支付,会时不时来给他送一盆花、一个红包,一些五花八门的小礼物。后来聊天得知,对方已断掉世俗中一切社会关系,包括父母,独自在旁边的青年旅社住了三年。

这场"一个人的修行"持续了很久,最近对方来店里,说要去北京工作了。他收到了某家互联网公司的录取通知。打算再次"入世",走之前,来书店见了海哥。

我听到这个故事特别有感触。无论是开书店、写作、上班,还是停下来,本质上每个人都在用自己的方式去摸索那个所谓"道"的存在。所有的悬浮和挣扎,所有的悲情与荣耀,所有的连接与告别,都是我们在用自己的方式去修行,于方寸之间,听见真心的呼应,立足当下。

人生天地间,忽如远行客。在所有的无常里,"从自己出发"的人,会回到自己身边。

))

如果有件事情是必须做的话，就是去做自己。

现在笃合书局的生意越来越好了，已经开始在其他城市开分店了。海哥的故事，我时常讲给身边朋友听。这不是一个热血澎湃的创业故事，或者文艺青年开店的小资浪漫故事，在今天，我并不鼓励所有人把赌注压在一件充满风险的事上，但总要有人在一片喧嚣和荆棘中，朝着自己的内心走去，不是吗？

之前有段时间我打算去成都创业，开一家"青年养老院"的线下实体店，看了很多选址，做了很多策划，大家给了我许多建议和鼓励，但我永远不会忘记海哥苦口婆心坐在我对面时，说："晓雨，创业这件事，不是光靠热爱就可以的。"

他劝我慎重，多做市场调研，看起来开一家店很美好，但背后的法律风险、与合伙人的分工利益分配、琐碎漫长的运营工作，这些都不是一句"热爱"就能解决的。

后来我想清楚了，我想开店，仍然是基于对创作和故事的喜欢。

明确了我的热爱是写作本身，其他的只是载体后，这个项目被暂时搁置了。我相信未来有机会我还是会去开一家自己的店，但不是现在。

很久之后，再去咨询专业人士时，发现我们当时的项目在细节上还是有很多漏洞的。

很感谢海哥的提醒。

初心也是需要成长的。

我们想要维护好自己的热爱，是需要付出一些代价、排除一些干扰选项的，随着要做的事情越来越多，要时不时回头去看，自己是否还走在那条路上，及时矫正变形的动作，如同修缮古建筑一样，只有保证地基扎实，尽心保护，才能经得起时间考验。

))

我们的热爱始终是腹背受敌的。

人生处处充满暗礁，既是月亮与六便士的冲突，也是主流价值与个体价值的权衡，在写作这个领域中有一个"创作者悖论"，指的是创作者们在追求自由、表达自我与满足市场需求、追求名利之间存在的矛盾——写下《将进酒》的李白，振臂高呼"天生我材必有用，千金散尽还复来"，一生贫困潦倒，精神上饱受折磨，不被主流艺术界所接受的凡·高，伟大如他们，在热爱这条路上，都饱经沧桑。

何况是身为普通人的我们呢。

不是所有梦想都能即刻实现，但恰恰是这些微不足道的坚持，才能让不可能成为可能，谁又能说几百年后的你我之中，不会诞生一个"托尔斯泰"。

在漫长的人生里，我们只需要做到三个字：不迷失。带着一种本真的力量前行。

"热爱变现"的例子有很多，靠喜欢的事情养活自己，在今天这个时代不太难。只是大多数人并不相信热爱带来的力量。或者说，犹疑胜过笃定。

很多人在出发的时候，是有明确的热爱、知道自己要去哪来的，然而当真正踏入生活的河流时，遭遇几个旋涡，就开始怀疑自己的方向，从而掉转船头，离自己的初心越来越远了。也有不少人，在别处获得的正反馈更大，而选择新的繁荣的赛道。

人生每个阶段的需求和选择都不同。名利与快乐并不矛盾，适度地追求世俗中的成绩，能给普通人带来一些生活上的自信；但是，过度执迷于名利，淡漠自己身体与精神本来的需求，日久天长，难免迷失自我。

我们总是听从他人的建议，却很少做出自己的选择。

那些主动选择并坚守热爱的人就显得难得。

))

我有一个好朋友叫笑飞。

她在大学期间就意识到自己喜欢写作,但并没有朝着这个方向来发展。毕业后,她成为一名咖啡师,之后又进入过金融行业、互联网行业,但她始终没有遗忘自己的文学梦,通过做自媒体副业,不断探索积累着自己的写作事业。

现在,她终于成为一名左手代码、右手文字的自由撰稿人。

梦想需要一个过渡期。这个过程是痛并快乐着的。就像嚼甘蔗一样,需要频繁咀嚼,才能体会那份微小的甜蜜。

笑飞提出一个特别令人醍醐灌顶的观点。

她说,一个不怕裁员的顶级思维,就是"自我裁员"。

大部分人的恐惧来自我们自己的担心。如果能转化一下思维,比如"我现在已经失业了,我可以做什么",笑飞的答案是:"我想放松地享受生活,那就抱着这种度假的心情工作吧,心中有海,哪儿都是马尔代夫"。

比如"我想探索自己到底热爱什么",笑飞的答案是:"那就先去行动吧,用排除法,人在自己不适合的领域里很难有魅力",不要一边恐惧一边等待,当你主动去想象自己的人生,主动追求热爱时，才能生长出属于自己的脉络。

如今的她，真的过上了曾经梦寐以求的人生，裸辞后，她成为一名数字游民，一边旅行，一边写作。

我们做什么事，就会成为什么人，我们的行为时刻丈量着我们会成为谁。

))

过去的我想做一朵花，被人喜欢，被人欣赏。

而现在的我，更愿意做一阵风，鲜活的、不被定义的，风吹向哪里都是风景。

与其被动地等着他人浇灌与呵护，不如主动创造属于自己的轨道，从沮丧和受伤中登上时间这艘挪亚方舟，掌舵自己的方向，飞向装满美好祝愿的星球。

我不在意我最终会成为什么样的人，不管是离群索居的孤岛上的一叶扁舟，还是世俗的泼皮，抑或是命运的手下败将，我确信任何一种剧本都是我自己心甘情愿选择的，我可以输，但我不能没有"自我"，我可以俯首称臣，但不会临阵脱逃。

只要心中惦记着要去的地方，眼前的这些落魄就变得无关紧要了。

无论发生什么，我都从没觉得我的人生会完蛋。

19岁住在狭窄的合租屋里，同学从老家来看我，面对她心疼的眼神，我反过去安慰她，不觉得屋子拥挤一点是什么大事；24岁失恋失业，一个人关在屋子里写书，听情歌流眼泪，内心却有种隐秘的醉意，"我这可是提早过上了伍尔夫式的日子"；26岁家里遭遇变故，我一边努力赚钱一边继续写作，朋友圈里大家说我是小太阳，其实我只是一个500瓦的"小太阳取暖器"，竭尽全力，希望来到自己身边的人不觉得孤冷就好。

没有谁能拯救谁，但写作带给我的治愈，总让我相信，自己能熬过这一关。

关关难过关关过。

比起写作带来的钱，带来的能安身立命的一技之长，以及读者朋友们的温暖回应，我始终觉得，热爱这颗火种，最大的力量是让我不再害怕成为少数派，永远坚信，"内在的那个自我"不会崩塌。

无论住多破旧的茅草屋，只要心里装了热爱和信仰，那这个地方就是圣殿。

没有不可能的理想，只有尚未尝试的人生。

做着文学梦的我们，
被困在房租和社保里

05

))

钱和爱本质上都一样，都是能量。

而没有钱的人生，容错率真的很低。

不上班后每个月我最讨厌的日子，多了一个。

以前是交房租的日子，现在是交房租和交社保的日子。都说"穷人只有奔命，艺术没有位置"，在我身边这些搞文学创作的朋友中，这句话变得立体了许多。

年纪小一点儿的时候，我觉得钱不重要，因为我以为到了一定年纪，自己就会成为有钱人。

呵，哪个年轻人不是在自己 20 岁的时候觉得，十年后自己年薪百万，有车有房，走上人生巅峰呢？正在阅读本书的你是不是也这样想呢？

我们总以为年纪和财富成正比。所以 20 岁的我觉得钱不重要，甚至，什么都比钱更重要。

命运看不惯说大话的年轻人，于是近十年里，我家经历了一次经济上的"灭顶之灾"，这世界好像就是一个巨大的课堂点名游戏，你越是藏起来，越是心生忐忑，就越容易被一根粉笔丢过来，指着你说，就你了，倒霉蛋。

在因钱而窘迫的这些年里，眼前的世界被重新解构了一遍。

直到此刻，我也依旧认为比起钱，世上还有很多与之相较更珍贵的存在，可同时我意识到我想要保护的东西、想要实现的使命，必须经过它的手才能得以实现和长久。

小裁缝这一生最浪漫的诗句，就是在疲于追逐六便士的马路拐角，发现了书籍、舞蹈和花裙子。这人生的每一个针脚，都是由我们自己"缝"出来的。

))

我第一次对"钱"有概念，是我上大学的时候。

彼时的移动支付还没有现在这么发达，我的学费是6000多块钱，是我妈带着我从银行取出来，放在书包里，拎到学校去缴费的。当时那厚厚的一沓钱拿出来时，我放在手里掂量了下，还蛮有分量的，递给老师那一刻，莫名有点心疼。

这笔钱来自助学贷款。

我家里的经济状况不太好，赵女士一个人打工带我，并给了我在她能力范围之内的物质生活。家里给孩子的"预算"，基本就到上大学，多余的钱真没有了。

也许在今天的互联网上已经很少看到类似的帖子，借钱上学，贷款上大学，但在我们的小镇上，那个年代读不起书的孩子还是有一部分的。我还记得那个时候填报志愿，其实我内心更偏向艺术专业的院校，但看着家人那么辛苦，实在做不出"自私的决定"。

在很多人讨论读什么专业发展前景更好的那段时间，我一直在小镇的网吧，上网搜索，什么专业更省钱，最后选择了新闻学……可见，我啥都不懂。

当时只在意这个学校的学费相对没那么贵。

就这样，莽撞地进了一个就业不易、花钱不少的专业。

我心里有个秘密，从未对别人讲过。

我的高考成绩出来以后，比预期的分数低了很多，当时身边不少人劝我说"要不再复读一年吧"，我几乎都是梗着脖子直接回绝，绝不，绝不复读。

亲戚朋友们都以为这是一个学生骄傲的自尊心受挫后的反应，事实上，除了对未知的恐惧外，还有一个隐藏原因，就是十几岁的我"懂事"地认为，花一年时间去复读，家里就要多供我一年读书的费用，而我早点读完大学，就可以早点出去赚钱，经济独立，不用再和赵女士伸手了。

妈妈就可以少辛苦一点。

关于这个话题，多年后和赵女士在一次深夜的聊天中，她半倚在床边，一边数着白天服装店的收入，一边幽幽地说："要是当年我再重视一点你的教育，让你去复读，或许你能上一个更好的大学，会有一个更好的人生……"

我赶紧打断她："打住，妈妈，我觉得现在的生活很好啊！"

她突然凑近，认真看着我说："那你有没有哪一刻埋怨过我，或者觉得生在这样一个家庭里没能给你更好的条件和支持？"

我很意外老妈会有这样的想法，甚至从这段对话中，听出来那么一丝丝愧疚感和一种为人父母的自责和不满。

她很少对我说这样的话，那一刻我感到一种湿润的、罕见而温柔的力量，那是来自妈妈的注视，其实我们都在用自己的方式爱着对方，爱着这个家。

那天我和赵女士聊到很晚，两个人各自感慨着，赚钱的不容易，以及我现在会更释怀一些，在我的成长中，她实际陪伴在我身边的日子那么少。

现在我自己进入到一个成年人的真实世界，才懂得，一个单亲妈妈，如果她给你全部的陪伴，就无法去赚钱；她要尽可能给到你不错的物质生活，就意味着你们会有缺失对方陪伴的那几年。

我知道她为什么感到抱歉，是因为她始终觉得，我没能考上一个特别好的学校，是因为她忙着赚钱，没能顾得上我的学习。

可我想借这本书告诉赵女士：

一个人的一生，总会出一次太阳，错过了日出，我们还有正午的蝉鸣和夕阳的油画，就算我们一路错过，也总会迎来星星闪耀的夜晚。

就像这些年我们母女因为"钱"错过了太多，可因此，在奔跑的路上，我们才更能保持清醒，为了最终能够带给自己和家人更好的生活，更有底气追求心中的期待，我们再面对金钱的时候才有了足够的动力。

钱和爱本质上都一样，都是能量，都需要流动起来。

从这个角度来看，我们努力赚钱并不是为了去过一种体面而眩晕的生活，仅仅是让我们的主动权变得更大一点。先赚到能维持生活的"六便士"，才能腾出更多的时间精力去追逐"月亮"，去做自己真正想做的事情。

没有人规定物质追求和精神追求就一定是二元对立的。我们每个人都是由不同的切面组成，牛奶面包要有，星辰大海也要有，晨间的小米粥需要，为建好房子昼夜不断地捶打地基也需要。

))

假如梦想是一片草原，钱就是马，带着我们驰骋而过。

你可以不知道最终的落脚地在哪，但必须先学会骑马，驾驭它，要知道怎么和它配合，才能在赶路的途中不被迎面的风干扰你的节奏。

弟弟隋傲，是个新晋的 95 后演员。

他在进娱乐圈拍戏之前，为考研熬过许多大夜，毕业后在青岛创业开过咖啡馆。他一直都那么热气腾腾，像块琥珀一样，少年的透明底色上因各种经历渲染出更有质感的色彩。我经常很骄傲地对身边人讲，我有个弟弟，特别优秀，白手起家，遇到困难从不放弃，他在"成为自己的路上"倔强有力。

很长时间里，我都以为他会成为一个创业者，他的头脑、心智和行动力向来都是优势所在，和他的这些优点比起来，他那副好看的皮囊似乎是最不值一提的存在。

看到他出演的网剧播出时，我在成都，他在厦门。

他对我说："姐姐，我以后就专心拍戏了。"

两个忙忙叨叨的人再见面，已是一年之后的北京初夏，在三里屯 SOHO 楼下他穿着最简单样式的白 T 恤，站在那里，挺拔如树，身边还带了两个演员好朋友。我们几个人走在去吃饭的路上有人侧目，和颜值高的朋友走在一起真的太拉风了，虽然并不适应，但突然明白，那些明星为什么戴着口罩还能被认出来拍照。

演员的"美"不单纯是五官、妆容、身姿，更是一种略带烟笼纱的淡淡的隔离感。

我这些漂浮的四散开来的想法，直到闻到桌上的饭菜香，才回过神来。

弟弟和演员朋友们吃得都很少,只有我对着辣椒炒肉大快朵颐。

其间,隋傲讲起他这几年的故事,特殊时期,青岛的咖啡馆倒闭后他欠了不少债,而在最难熬的时候,他接到了父亲去世的消息。

创业失败,家人去世,背上负债,小说男主角的悲惨遭遇都被他遇上了。

"姐你能想象吗?那个时候我退掉了租来的房子,一手拉着行李箱,一手端着我爸的骨灰盒,兜里没什么钱,整个人是在走投无路的情况下,接到了原来北京认识的朋友打来的'试戏'电话,然后我决定去剧组试一试。就这样,误打误撞半只脚踏进了娱乐圈。"

"如果不是因为缺钱,我可能当时也不会去拍戏。"

"我没有后路,所以我拼尽全力。"

隋傲说这些时,整个人特别平静。

每个字却戳在我的心窝上,过去十年里,我们每次见面看到的他都像一个快乐的绿葡萄精,整个人晶莹剔透,冒着那种不曾被社会毒打过的光。

我曾特别希望他能够永远保持单纯,永远不被伤害。当然,我这种心态幼稚得可怕，和那些想要保护自己的孩子永远待在温室里、永远不讲童话后续的父母一样，怀揣着并不实际的假想，好像在我们的一生，"活得深刻"和"简单快乐"这两件事，始终还是矛盾的。

　　清澈的时候，不知疲惫，少了点颜色。
　　长大以后，却不能再随时随地和这世界撒泼。可谁能保证自己一生都按照理想的剧本演绎下去呢？有谁的命运是能在短短几页纸中叙述详尽呢？

))

　　年轻的我们，不怕穷，只怕陷入一种持续的自我迷茫。
　　正如隋傲所说，这些经历都让他面对困难有了更具体的解决方式，不是逃避它，而是正视它，只要不躲着的时候，困难这个雪球就不会越来越大。
　　要让今天的我来看，我不会歌颂苦难，但也不会沉溺于单一的甜蜜，我喜欢喜怒哀乐都被揉进粉团的人生，喜欢足够鲜活的经历，喜欢站在青春的调料台前，辛辣一勺，糖一勺，再撒点浓郁的葱花和香菜，既然这本"人生之书"要写，就要写得足够精彩。
　　亲爱的，我们必须承认，这就是人生，太短暂、太漂亮、太脆弱、太无力，丰富而多层，我们必须培养对痛苦的感知力，才能一直确保自己是真实活着的。

隋傲说他近两年都没有回过老家，一方面是因为太忙，另一方面是想多赚点钱回去，给妈妈带去好的生活。

现在的他，大半年都泡在剧组里。

辗转在不同的剧组里的他也是那个"另类的存在"，大部分演员结束了自己的戏份就去休息了，而他会不停观摩别人是怎么演戏的，学习老戏骨和优秀演员们的现场发挥，空闲时刻就抱着书在一旁阅读。刚开始进组时，大家都觉得这个年轻人很奇怪，有人觉得他"装"，几个月过去，大家发现这就是他的日常。

演戏的时候就好好投入，不演戏的时候就在提升自己。

这几年，隋傲自学了骑马、游泳、各种语言，他挑眉，得意地说："姐姐怎么样，没给你丢人吧！除了演员这个身份外，我更是一个活生生的人。我希望自己多学一点东西，在下次试镜的时候就可能多一分希望，如果这个角色需要说韩语，我刚好会，通过的概率就更大嘛。"他随时随地为梦想做好准备。

在他看来，试戏是一种锻炼，尽管不一定能顺利入选，入选也不一定能出圈，但能得到角色的人生体验才是宝贵的财富。

执行力是人与人拉开差距的关键，当你的执行力跟不上认知，那么你所有的认知就会变成精神内耗。

尽量去体验、去争取，当你活出自己的时候，钱和机会都会迎面而来。

现在的隋傲除了拍戏，还做了自己的挂耳咖啡品牌。

晚饭结束后，我和弟弟走在喧闹的人群里，不由感慨着，有钱人和没钱人感受到的"北京"是完全不一样的。夜里11点，前往三里屯和工体的大多是富二代，周遭亮晶晶的酒吧和不夜城的娱乐生活正朝他们敞开，而朝着相反方向，匆匆前往团结湖地铁站的朋友，在赶最后一班末班车，大家带着一身疲惫，踏上回五环外出租屋的路程，沿途可能还要在手机里回复老板的消息。

三里屯美吗？

高楼林立、潮牌遍地开花是它，打工人站在街边派发传单的也是它。呼啸而过的保时捷是它，上班族们一拥而上抢共享单车的也是它。

没有哪种生活方式更好，只要是为生活奋力向前游着的人，都是了不起的。

分别前，弟弟轻轻抱了抱我说："姐姐，希望你能写出更厉害的小说，改编电影，我要当男主角。"

我点点头。

和几个年轻人挥手告别，心里默念，都要越来越好啊。

我们不是一开始就出生在罗马的人，接受自己的平庸，但这并不意味着我们对世界妥协了，而是放平心态，通过多做事，多和自己相处，多去和真实社会打交道，找到属于自己的那条路。

学会赚钱，学会珍惜金钱，并不意味着我们就从此不再是理想主义。

我们中国人的文化基因里有一种居安思危的智慧，代代相传，无论此刻的生活如何，每个人都会有一些隐约的失重感——尤其是像我和弟弟这样经历过金钱困境的人，单纯的"货币数字"并不能带来安全感，必须自己不断去创造，产生价值，才能在巨大的不确定浪潮里平稳前行。

创造才是宇宙唯一通用的社交货币，真正的文明是从疲惫的淤泥里提拔而出，忽而明朗。

结局不如人意，
仍不能否认
一路书写的意义

06

))

并非所有的人际关系都要天长地久，
才配得上"美好"二字。
像一本小说，可能它的大结局并不如人意，
但仍旧不能否认这一路书写的意义。

我在 6 号线的青年路站附近住了六年。

我熟悉这条街上的一草一木，地铁西南方向有块大大的草坪，上面的那棵玉兰树，春天摇曳生姿，微风吹过，含情脉脉，冬天光秃秃的样子，又仿若一副"封心锁爱"的绝情模样。

步履匆匆的青年，牵手拥抱的小情侣，朝阳大悦城门口永远都有新展览，清晨是生机勃勃的帝都，日暮后又带了一丝缱绻的烟火气。

我和千寻最喜欢的，是穿过商区拐到一个旧停车场里，深夜排队去吃人声鼎沸的老张拉面，那个辣椒油，只要滴两滴，就能噼里啪啦点燃舌尖下的表达欲。

和日剧的《深夜食堂》一样，在这个地方，我们卸掉平日所有的压力和疲惫，能自在地做自己。

很多年里，下班后，我们第一时间都会先去大悦城逛。

大城市里漂泊的女孩，相依为命，互相见证着彼此的狼狈与成长，分享着各自内心的隐秘与喜悦。在一层 ZARA 试衣间里挑选着打折连衣裙，路过喜茶买两杯，然后奔八层去找个馆子，大快朵颐，火锅、烤鱼、川菜常是我们心中的前三选择。

很久以后我再次踏进这家商场，恍然发现，许多商铺都已倒闭、更迭，熟悉的老面馆换成了新晋网红店，整个世界如同重新拼凑过的乐高，明明还是差不多的色块，却再也不是记忆中的模样。

走到顶楼，走进一家新开的咖啡馆，我坐下来点了杯热红酒。

想起从前隔壁三联书店开业时，还是千寻陪我来……而在我们失联后的两年，我在这家书店开了自己的新书发布会，就坐在曾经我们常来看书的位置，眼前人来人往，结伴而行的年轻的、扎马尾的女孩，总让我想到，更年轻一点的我们。

成长就是一场轮回。你觉得熟悉的地方会变得陌生，你觉得再陌生的东西，也会变得熟悉。

太阳底下无新事。

人生充满了变数，但我从没想过，我们会是那个变数。

时间像一块橡皮泥，不停被揉搓，变换形状，再拍扁复原。我不是难过，只是感慨。就像戴安娜·阿西尔在《暮色将尽》里写道："我曾听到有人为人类登上月球而哀叹，因为宇航员的双脚踏及月球表面之前，他们认为月亮是由白银和珠贝组成的，但这一踏，月亮就此变成了灰尘。"

人的感情亦如此。

))

我们刚来北京的时候，还是两个"愣头青"。

什么都不懂，完全凭借着一腔孤勇生活在这个城市，在职场上不懂人情世故，生活中是两个小菜鸟。唯一的快乐是，两只鸟儿，叽叽喳喳，有说不完的吐槽和八卦。

大家都说是金子总会发光，可北京金碧辉煌。

我们和大多数年轻人一样，夹在理想与现实的尴尬期，这座城市每天上演着传奇，但我们只是看客，负责鼓掌、凑热闹和"发弹幕"。

在高压的工作状态下，和好朋友在一起放松已是奢侈的快乐。我们一起去草莓音乐节，在人山人海中握紧双手，生怕和对方走散；在许多个加班的深夜，回到小区里，还要跑到对方房间喝一杯，微醺中依旧舍不得结束话匣子；那一年盛夏，在红领巾公园躺在草地上谈天说地，突如其来的雷阵雨，我们没有选择打车回家，而是两人一路奔跑、淋雨、大笑、疯疯癫癫，在路人不解的眼神里，赶回家去看《乐队的夏天》。

这么多年，我们一起逛街、一起吃饭、一起听 live house（音乐展演空间）、一起去打羽毛球、一起去北海划船、一起去故宫看雪，一个眼神就能读懂对方的心事，在失恋后并不会用言语安慰对方，只是静静坐在对方身旁，或者一起去楼下散步。

从青年路的这头走到那头，影子长长短短，月亮摇摇晃晃，那些挤压在心中的不愉快也随着夏夜晚风，被渐渐吹散、吹淡。

朋友，是生命呈现的另一种形式。

互为镜像，互相养育。

多年的相处，我们从对方身上习得并"拿"走一些东西，是她的细腻贴心，我的赤诚无畏，是她中意的摇滚乐精神，是我喜欢的胡同文化……我们共同创造了彼此的黄金时代，那些青春岁月里，最浓墨重彩的一笔。

))

我和千寻，是何时发生了微妙的变化呢？

可能是彼此的工作节奏开始变得不同，可能是随着长大，从大学时代到职场环境，我们所关注的话题逐渐参差，可能是在漫长的时间中，每个人的社交圈都在不停更迭……

渐渐地，我们的分享欲越来越低，直到最后无话可说，只留沉默的遐想，无端的情感内耗。

因为太亲近了，所以更容易崩坏。

因为太重要了，所以才显得无所适从。

或许，恰恰因为曾经的我们亲密无间，所以当友情中出现一些小瑕疵、误会时，我们没有办法像对待其他人一样轻易释怀。

当我反应过来我们的友情"生病"了以后，我试图努力，比如去找对方沟通，可怎么聊好像都隔了一层纱，直至变成一座不可逾越的高山；还是会约着一起出去玩耍，可除了吃饭、聊些无关紧要的话题，无论如何都没有再真正走进彼此的内心。

这一切降临得不可预兆，却又有迹可循。

当时的我不太懂。

回头看，无关彼此的人品和性格，只是我们的成长节奏、人生轨迹不同了，如同旧时两棵依偎的植物，在旷野中贴面嬉戏，可随着真正的价值形态塑造成不同的样子，我们的枝叶，终将生长向不同的方向。

不可否认，我们曾经真的非常"近"。

物理意义、精神意义都很近，常年住一个小区，是交过心的挚友，在偌大的北京里为对方构筑起坚实的篱笆，两个手无寸铁的小女孩用自己的方式守护着对方，陪伴着对方，见证过人性的隐晦与皎洁，轻轻拂过脸颊上的落雪，然后在一片嘈杂里，看着对方远去。

要怎么不遗憾呢？

我们曾以为从大学的促膝长谈到婚礼上抛出的"手捧花"，从出租屋里挤着取暖到参与彼此生命中每一场盛大喜宴，陪伴在身边的都会是对方。

真实的人生,从来身不由己。如果你要问我为什么会闹到不得不告别的结局,我也不清楚。但我只能忠于自己内心的感受。

在"断联"之前,我们变得好像两个在打离婚官司的怨侣,看向对方的眼神还是带有慈悲,但一张嘴,就会伤人。

到最后,这段貌合神离的友谊,令我感觉到无比疲惫。

有些关系,就像智齿,一旦发炎,只能拔掉。

))

能够穿越时间周期的友谊是建立在自由基础上的。当时的我们都试图去改变对方,从而缺乏了真正的思考、沟通和共情,我们努力营造出一种温馨的氛围,却被这种假象的和好剥夺了真正进入彼此未来的权利,曾有过一些回光返照的场景,但始终更像是一种幼稚的舞台表演。

如果一个人、一段关系、一份感情,让你变得不像自己了,那么,无论如何都要离开。

这种"离开"不是绝交,不是批判,只是出于对自身能量的保护和对对方的尊重，超越控制他人的欲望，当我们真实的心灵碰撞已经无法带来滋养时，不如就放对方走吧。

在正式决定放弃这份十年友谊之前，我挣扎了很久，但我惊讶地发现，我们之间并不存在任何一种真正的问题和矛盾，只是因为两个人的三观不同频了。

再强行捆绑在一起，于双方，都是一种消耗。

每一段情感都有它要面对的课题。

就像一本小说，可能它的大结局并不如人意，但仍旧不能否认这一路书写的意义。

很长时间里，我被桎梏在此，不停地回味着我们之间的故事，甚至到了怀疑自我的阶段。也是在很久以后才明白，有时候，一个人伤害了你一次，但你总去回忆，就会千千万万次伤害自己。

第一个伤害你的人是别人，后面的9999次都是你自己。任何关系的本质，都是你和自己的关系。

于是在某个深夜我忽然感受到一种力量，离开的力量。

从那天开始，我们再也没有见过面，再也没有联络过对方，两个相识十年的朋友一夜之间回到了陌生人的位置。听起来很"诡异"吧？但真实的告别就是如此，不动声色，充满默契。

后来这两年，我无比庆幸我们的"分开"。

因为我深知：冷漠，也是一种善良。

当你和一个人在一起不快乐时，对方也不快乐。当你勉强自己支撑下去时，你不是在做好人，你是在惩罚身处其中的两个人。

不要用自以为是的方式对待别人。客观、温和、顺其自然地接纳每一段关系的开始与结束。这才是最纯粹的爱。就像剜掉一块腐肉，只有在某些关系中彻底清零，包括自身的狭隘与偏执，我们的人生才能恢复到一种清明平和的状态。

主动放弃这份友情，也是在挥手告别过去那个自己。

我们失联后的两年，我发现自己身上发生了很大的改变。

过去的我"讨好型人格"严重，生怕让别人不开心，唯恐被别人不喜欢，尤其是在人际关系里无比渴望被认同；现在的我，不再依赖外界的评价体系，相反，我独立、果断、有一套稳健的世界观，仍旧选择真诚，但不再强求。

我对生命中每个出现的人都珍重，彼此之间没有谎言，没有含糊，但当我发现彼此的价值观不同时，我会选择继续去走自己的路。

我很喜欢电视剧《军师联盟》里司马懿说的那句："臣一路走来没有敌人，看见的都是朋友和师长。"

无论经过多混沌的阶段，发生过多少曲折的故事，出现在你生命中的那个人，就是来摆渡你的，引导你前往真正向往的光明。

))

烂掉的橘子，就不必反复咀嚼了。请记住：勇敢告别的你，永远比委曲求全更可爱。

我现在的人生策略，就主打极致真诚、极致走心、极致付出，这样往后即便经历艰难而别离时，遗憾的那个人，不是我。

每个人都只能陪你走一段路。

当然，我写下这些文字，不只是想告诉大家"远离不健康的友谊和爱"，更想表达的是，每一份感情都有它存在的意义。我不会否认我们经历的一切美好，也始终相信我们在彼此的生命中保留一席之地。在内心的某个角落，19岁的晓雨和22岁的千寻，永远都是那个在小区楼下等待对方回家的"守夜人"。

有时我在想，如果是现在的我，会不会有更妥当的人际关系处理方式呢？

可能会吧。

但当时的我只能做出这样的决策。

我知道，在这段走散的友情里，我们都没错。
真正的友谊既不是同化对方，也不是无限容忍。
真正的友谊不代表天长地久，而是在互相拥抱的岁月里，于茫茫黑夜里，我们曾真诚地照见过彼此。

法国作家波伏瓦写道："真正的朋友，既是一个将你拉伸到自己极限的客体，又是一个将你的自我保存下来的见证者。"
友情的本质是一种交换式心灵成长。我们爱彼此的本来面目，也能接受彼此在和生活的交手中逐渐模糊、分别，而你来过的那部分，早已融入生命的体格，代替你继续陪在我身边。

我们的友谊，确认无疑，但到了十字路口，我们都有新的路要去走。
因为懂得，所以放下。因为珍重，所以记得。不消耗，不占有，不摧毁。选择真实的离开，好过虚假的爱。

那些被称为"烂尾"的故事，曾经一定很灿烂，很美好，很精彩。
此文献给所有曾和好朋友失散的人，我们构筑过最伟大的浪漫就是握住对方的手，跳一段舞，然后在背景音乐的切换下，旋转告别，那个渐行渐远的自己……

　　世间浮云何足问，不如高卧且加餐。
　　千寻，真心祝你越来越好，因为我知道，你也一样。

我的孤独，
好像和这世界没关系

》》

我们这一生啊，

一半在年轻，一半在模仿年轻。

北京近来多雨，暴烈的雨，缠绵的雨，转瞬即逝的雨。

那晚我被截在一家餐厅。那是一家很漂亮的顶楼花园餐厅。远处的闪电，如焰火般劈开混沌的天空。整座城市仿佛臣服于脚下，誓为夏天的笔下之臣。

同行而来的姐姐，聊完合作就回家了。我在收拾东西的间隙赶上了这场雨，索性丢掉一切计划，整个人瘫在沙发里，只是发呆。

甚至希望这场雨永远都别停，我就不用去面对外面那个世界了。

雨水拍打在玻璃上，我好像溺水的人一样，坐在封闭的船里，逐渐窒息，拦腰折断的睡莲散发出一股时间腐朽的气息。我的感受在失真，那是一种没有欲求也丧失了鲜活的状态。我又漂浮在了无人知晓的地带。那一刻，我觉得墙里墙外，没有区别。

雨水拍打在玻璃上，小小的雨珠，毫无还击之力，任由命运把它排列组合在随机的脉络里。我仿佛能听到雨滴的求救声，来自我心底。

大珠小珠落玉盘，我从来不是那个能接住珠子的盘子，而是一滴走投无路、寄身于江海的小雨滴罢了。

正当我神游之时，实习店长走了过来。一个清秀、儒雅、笑起来像大白兔一样的男孩子走到我面前，他给我点了一份甜品，说免费送我。叮嘱我不用担心雨天，等雨停了再走就好。

我为这贴心的服务深表感激。撒着椰子碎的茉莉青提味蛋糕，一刀切下，软糯清香，勾得我回过一些神来，底部是扎实绵密的巧克力胚子，仍有余温。

　　我就这样一小勺一小勺挖着吃，然后"哇"地哭了，以一种绝不引起他人注意的分贝。我已经非常熟悉小心翼翼地活在角落里。

　　我想给你讲讲我的故事啊，可为什么眼泪先掉下来了呢？

　　窗外电闪雷鸣，我的心逐渐平静。

　　在那一刻，我突然意识到，在很长时间里我把自己包裹起来了，用一种看起来更快乐、更充实的方式，但我知道，我是破碎的。

))

　　我的生活越来越多姿多彩了，我认识了更多的朋友，参加了更大的活动，参与到更多项目合作里，我离这世界越来越近，可我好像对自己越来越陌生了。

　　我看到了自己更多的切面，高涨的、锋利的、狡黠的，善于沟通的、勇于输出的，或声势浩大或踽踽独行，这些"晓雨"我也很喜欢、很需要，可她们的出现挤压了另一个"我"的存在，那个我并不喜欢和很多人接触，那个我没那么高能量，那个我比起世俗中的成就更渴望实现真正的安宁，向往找个小小村落，了此余生。

前段时间我参加几场所谓的"高端饭局"，坐在身边的，要么是互联网上的传奇青年，每个人的故事单独拎出来都够拍一连串爆款短视频，要么是商界大佬，说着一大堆我听不懂但觉得很厉害的话，他们都很好，有分寸，有价值观，倡导不同的生活方式。

我很喜欢，但没法投入。

我爱有趣的灵魂，却很难爱上具体的精英化人生。

在那些高谈阔论的大人物里，我好像一个只惦记桌上糖果的小孩，显得那么格格不入。

好像比起赚多少钱、成为一个多么有影响力的人，我内心的小孩儿她更在意，傍晚六七点的夕阳，菜市场里那些水灵灵的蔬菜瓜果，那些荒诞的故事，和能让我又哭又笑惦记的人类。

无尽夏日里，我只是一个过客，我所拥有的权利不过只是哼一首旧歌谣。

))

有一天夜里，我独自下楼散步。

我在这个小区住了两年了,可有些地方还是没看过。我从北门出发,经过东门,趁四下无人,手机公放着音乐,头顶是如镰刀般的月亮,风吹过晃动起的树影像墨绿色的大海,我走走停停,直至感觉自己不再年轻。

在很久以前,好友对我说,你年纪轻轻的身体里,住了一个"老灵魂"。

当时的我不太理解。在经历了一些小小的幸福后我慢慢感受到,是因为我的情感浓度,要比常人更猛烈。我意识到,我的感受、行为、时间是错位的。很容易用倍速的打开方式把一段旅程提前走完。我正经历的炙热,在现实中被冰冻。你看到那个鲜活的我,可能早已开败枯萎。

我的孤独,好像和这世界没关系。

和获得多少爱、认同与欣赏都没关系,我就是享受这样的孤独。

我有一个非常喜欢的作家叫马家辉,喜欢读他的游记和随笔,他曾写道:"西方有个说法是,所有书写都是旅行书写。因为所有书写都是关于过程,都是某种在路途上寄出的书信:我在此,我见到,我记得,我告诉你。"

游走在社会主流轨道之外,晃荡的日子里,我拥有更多的空间和心气去收集故事,在生活的旅途中我变得更加勇于创造浓度更高的快乐，也更有能力吞咽浓度更高的痛楚。

写到这里突然发现为什么最近两个月，我的表达欲变少了，是因为我丧失了属于我的"孤独时刻"，那种和自己相依偎的紧密与静谧，然后又因生活的种种骤变，挤压了许多的情绪，有时候很想表达，但好像任何一句话，讲出来，就打破了原意。
于是我选择静静感受，只是感受。

有一阵子我每天都去北京郊区写稿子，在村子里，在一棵树下，一坐就是一天。书的进度缓慢，可我喜欢这种缓慢。
一旦回到城市生活里，疯狂生长的种种念头都跑出来了。

"慢"变成了一种原罪。
为了适应外面世界的节奏，不得不逼迫自己更勤劳一些，更开阔一些。可我知道，从某种程度上来说，我更享受我的狭窄与迟钝。我把自己让渡给了这世界一部分，于是，属于我的部分就变少了。所以我选择停下来，让自己再多生长一点。

))

人生就是一场南辕北辙，我羡慕那些坚定走向宿命的人，因为我总是站在原地观望来龙去脉，选择一个折中的方式观察降临在自己身上的变化。

7点20分，我的笔和窗外的太阳雨同时落了下来。

远处的云朵缓慢飘移，以肉眼不曾注意的速度悄然变化形态，一架飞机，划破天空，呼啸而过。

如果我们是坐在飞机里追逐目的地的旅客，大概不会有闲情逸致，感受云朵的重塑，可此刻，我没有任何想要去的地方，只是静静听雨、写字、看天，便和那云朵一起轻盈起来，消失又相遇。

所有事物都一律平等地在时间的长流里走向消亡，而后新生。
我们这一生啊，一半在年轻，一半在模仿年轻。

夏天来了，夏天也终将过去。
但属于夏天的渺渺心情，我记住了。

暗潮汹涌的时代，
想做个直白的人

08

))

暗潮汹涌的时代，想做个直白的人。
我把我所有的真心和筹码都摊开给这个世界，
喜怒自取，
我不屑于一丝一毫的伪装，索性就打一手明牌。

虽然有点傻，
但我把全部的时间用来做自己，
多爽啊。

28岁是自我觉醒的一年。

这种觉醒，是浑然天成的，轻得就像做了一个梦，如细如纱。之前的人生，是被"封印"的青春和不断挣扎的自我。

我会在世俗眼光和个人心念间反复评估，会在社会角色和自我之间左右拉扯，所有极小的、幽微的、面目狰狞的瞬间，最终汇聚成我此刻的样子。但在和自己漫长的拔河过程里，突然有一天，我松了手，发现手中无绳，"我"依然在场。

从这一刻起，我感受到轻盈的力量。天低昼永，红尘拂面。尘缘羁绊，飞落如雪。

前途后路，都不必去看，我的眼睛里只有此刻的枝叶摇曳，阳光落下，我整个人的感官都张开了，我已无比确定：去感受这个世界才是我们需要做的事。

感受世界，感受自我，感受时间流逝。这一年我最多的幸福并不来自现实成绩的反馈，而是来自暴雨后窗外趴着的一只小蜗牛；来自一夜未眠，满空寒白的早晨6点，我站在小北家楼下看到芙蓉泣露而后绚烂绽放的日出；八月的呼市，坐在大昭寺的树荫下，看着远处宫殿上遗世独立的鸽子。

这些画面出现在脑海里的时刻，我内心再次被填满。

我很庆幸，在青春的后时代，我逐渐变成一个向外探索、向内成长的人。

我不再慌乱,更懂得好好爱自己。我不再害怕被任何人误解了,也不会再向外界"自证",我是全貌,自带棱角,我会徐徐展开,会被同频的人看到。

))

在一次采访里,对方问我:"你有没有和这世界相处的独特之道?"
我想了想说:"我就是在打一手明牌。"

我把我所有的真心和筹码都摊开给这个世界,喜怒自取,我不屑于一丝一毫的佯装,也做不到。索性就打一手明牌。暗潮汹涌的时代,做个直白的人。

虽然有点傻,但我把全部的时间用来做自己,多爽啊。

生日时,我在纸上写下四个字:抱敏守拙。
愿继续保有敏感,即便这幽微的灵性需要我付出心血代价,仍不遗余力,成为一个活生生的人。

大学时代教我们新闻采访课程的老师说:人这一生,有三种探索自我的方式，分别是读万卷书、行万里路、识万千人心。而在"识人心"这件事上，如庖丁解牛，我始终做不到手起刀落，抽丝剥茧。

某种程度上，我是懒得和人打交道的。不喜欢费神在人际关系上。所以我选择写书、选择离群索居、选择自由职业。

但另一方面坦白说，我做的很多事，又与"人性"息息相关，这几年，我做写作导师，和许多人建立了深度的生命关系，有时候我会有种"仿佛在和几十个人谈恋爱似的"的错觉，这样的心力交付，稍有不慎，就会自损。所以在提升自己的工作能力同时，更重要的是建立情感的"护城河"。

好的关系是互相滋养，而非消耗。挖掘他人天赋，助其成长探索，继而在合理的边界线里，成为更好的我们。

因为不断做社群和做活动，接触的人越来越多，见到的面目状态也各有不同，很多人好奇，"晓雨，你怎么能和不同类型的人都相处得好呢？"

说实话，我完全不擅长社交，更谈不上有情商。我就是用自己的直觉，笨拙地和这世界交手，喜欢的，就留下；不对味的，自然就疏远了。

不需要说服自己，不需要找理由，只要感觉不舒服，就可以拒绝。忽略一切耗费你心神的事情。生命会在许多不得已处，帮助你自动蜕变。君子和而不同。我越来越能接纳不同的多样性。但我还是我，爱憎分明的我。

认识复杂，保持单纯。挥毫万字，一饮千种。

))

我时常把自己从生活中的种种角色抽离出去，世间是游乐场，我只是一个来玩的孩童。

秋天到了，最近每晚我会在家看古诗词或历史。有时是磅礴的秦，有时是盛开的唐。都说人类进入了超科技时代，可我总觉得和今天的我们相比，古人反而对宇宙有着更深刻的认识，这种认识并不只是知识层面，而是在真实的生活体验里他们更知晓人类的去处。对"活着"这事更有深刻的理解。

现代人太忙太累了，早已无暇感怀，无暇思考。唯有伤心人才能拾得这人间的至宝。

人人忙着赶路，我站在路边，呆头鹅似的，看着满地的泥泞和来时的痕迹，想要停下来，或者走得慢一点。想看清楚这条巷子里到底藏了世间多少秘密。

　　这几年，我去了一些城市，在一些高校做分享会，接触了大量的 00 后，有一个很大的感受，那就是：要跳出既定程序创造新的东西。

　　年轻人不能活在单一的价值体系里，唯有走到更广阔的天地、看到更丰袤的风景、收集更多的人生样本……你才能……千万别以为我要说"你才能走到一条正确道路上"，完全不是，你才能知道，你的面前有多少条路。

　　选择什么路不重要，重要的是，你要有选择。
　　很多人就是因为看不到"选择"，所以这一生，浑浑噩噩，充满拧巴，既无力成为"我"，但又不屑于成为"他"。

　　这个世界很大，所以我们的心也要大一点。当你的心变大，路自然变宽了，眼前的生活会随之慢慢地发生改变。
　　我去记录这些人的故事，就是想看到做了不同选择的这些青年，后来有没有变得更好一点；读者朋友，你们在看到这些"成长参照物"之后，对于自己的人生，有没有一些不同的思考？我没有答案，只提供解题思路。

　　乏善可陈的日子里，靠的是我们自己把它翻出新意。
　　勇敢跳出去，凡是让你纠结的问题，都不需要答案，只需要改变。

))

我开始享受从无序中探索有序的意义。

我对现在的生活已经很满意了。要说"心愿",都是我在身体力行地做这些事情。其实结果于我不是很重要了。我们都能够健康、平安养活自己,和喜欢的人喜欢的事在一起,已经非常非常不容易了。

前几天小玉开玩笑说:"光是活着,已经耗尽了普通人极大的力气。"

确实如此。但也正因如此,我才想细细咂摸活着的过程。

人的通透,不来自痛苦,而来自你穿透痛苦的方式和力度。

别在意得到,也别怜惜失去,因为你不知道在命运的度量衡中,什么算得到,什么又算失去。眼下的一切不过只是序章。

我一直觉得,人不能脱离世界而存在,但可以创造一个自己的"小世界",用你喜欢的方式。

对我来说,这个方式就是写作。

我现在不再会觉得生活给我的一切是恩典或毁灭,我把这些都当作平常事物,成长考验的是一个人的自我修复能力。

翻阅自己从20岁出头到快30岁的这些文字，会发现，我好像变了，又好像没变。

变得更冷漠了，是想保留足够的爱给值得的人。

变得更温吞了，是因为化指责为换位思考，道德的刀刃先向自己。

变得更商业了，是我深知只有自己变强大，才有力量去帮助更多人。

我爱光芒万丈，但更佩服那些在阴雨天里独自行走的人。

就算世界乱套也要做个勇敢的小哭包。比起假面善客，我更想做一个坦荡的、有瑕疵的，风雨里来去自如的逍遥侠客，可以不活在秩序里，但不能违背自己生存的要义。

人必须在自我意识里先死一次，才能重启人生。

))

我们对长大的最大误解，就是觉得任何事都会"越来越好"。

30岁一定比20岁有钱，中年就比少年更有智慧，我们的事业、爱情及对世界的野心，随着年龄增长而不断大放异彩。事实上可能背着房贷车贷的30岁比20岁更难，有丰富阅历后发现，原来人生是越简单越快乐，越糊涂越自由，幸福仅仅是短暂的满足。

一个人的创造力也并非线性爆发。

很多作家的最佳作品，可能就是十几岁的随手之作。而后的几十年的劳作也找不回当初的灵气，只能疲惫称之为"江郎才尽"。

看到这儿会不会觉得：啊，晓雨这个人好扫兴啊，说这么丧气的话。

我想表达的并非如此。

事实上，成长就是一场特殊的"家暴"，我们都是一边接受亲吻，一边挨巴掌，在拳打脚踢之下，想方设法最终夺门而出，获得自由。

真正的"成人"恰恰是在直视生活中这些隐痛的真相后，戳破它，才能奔向美丽新世界的大门。

当你感觉痛苦时，恰恰是为之改变的时刻。

在看透一切残忍和无常后，依旧选择成为一个大人，会有一日能做回最纯粹的孩子。记得感谢勇敢的自己。

毕竟，岁月才不是什么美好礼物，你自己才是。

凡是发生，我皆笑纳。

此后种种，再没什么令我惧怕，我有更大的天地要去。

野心是看不见的排名

09

))

勇敢本身,

就是女孩最大的自由和底气。

当你自己变强大,所有的好运都会来。

2021年春节,我在抖音刷到一本国风时尚杂志。

画面中的女孩身着素衣,手执星剑,眼神凌厉,穿梭在一片绿色迷雾中宛若竹影中的少年侠客,眼波流转中那一份坚毅和清冷的灵气,让我联想到尚未遇到令狐冲之前的任盈盈。那时的任盈盈情窦未开,随心所欲,似这般肆意。

金庸先生在《笑傲江湖》中形容她,"容貌绝色,如仙人白玉,冰雪聪明,又极擅音律",我曾被许晴饰演的任盈盈的丰盈和风情所打动,经年之后,这是第二个让我印象深刻与众不同的"任盈盈"。

我好奇,是谁做出的《Trendmo趋势》?这个名字听起来怪耳熟的。

我回想起不久前,某家时尚杂志主编姐姐和我吃饭时,曾提到前同事创业的故事,当时朦朦胧胧听了个大概只记得"年轻女孩跳出职场""在新媒体如此发达的时代她选择去做纸刊""2年时间打造出一本国风时尚杂志""这个女孩年纪和我相仿",做这本杂志的不会就是她吧?

我迅速联系主编姐姐,要到联系方式,果然是她。

刘畅,一位90后时尚女主编。没资本、没背景,愣是在娱乐圈的名利场中,用普通女孩极致的热爱和努力杀出一条属于自己的花路。

从暮春到初秋，从玉兰开的时节到槐花落满帝都，我们对谈几次，又哭又笑，反复剖白，在小甜酒的微醺中不断靠近彼此灵魂。这是一场时间跨度较长的采访。也是近年来最触动我的一个故事。

在她身上，我感受到久违的生命力。能做成一件事情的人，往往没那么强的功利心。

人生就是做梦，虚实无果，在摆烂和励志之间，她是遵从本心追逐所爱的勇敢玩家。

))

2019年底，彼时正值她的职场转型期。

老东家是本影视时尚杂志，她在里边待了几年，写稿、统筹、商务、跟艺人经纪人对接、洽谈品牌赞助……忙起来还兼当"服装师"和"造型师"，别的同事觉得累得要死，只有她乐在其中。

"我是比较能吃苦的类型。我也不是啥事业型女强人，本质上，就是我作为一个人，想要活出自己的价值。"她这样说。

刘畅心中有一个杂志梦。

为自己喜欢的人和事情付出，于她而言，就是享受。

那段时间，大雪一直下。城市寸步难行，原本热气腾腾的娱乐圈被按下暂停键。

在这样的情况下刘畅心中的"创业火苗"却被点燃了，她一直想做本自己喜欢的时尚杂志，她知道这不是最好的时机，但一切就这么发生了。

"是有人投资吗？"

"没，很多人问过我这个问题，都觉得我办杂志背后有资本。要么我就是个富二代。其实都不是，哈哈哈！"畅畅大方地笑。

"我就是一个普通到不能再普通的女孩。"

她人生的第一桶金，是靠整合资源赚到的。

特殊时期下，影视公司、艺人、品牌商都处于一个停滞状态，无法外出拍戏，许多艺人的档期"唰"地空了出来，敏感的畅畅很快想到商机。这是资源整合的好机会。她帮助艺人对接品牌，融入直播和电商的新玩法，迅速促成几个项目。

"方便透露下你人生第一桶金，大概是多少数字吗？"

畅畅说："30万左右。"

不算太多。但作为创业的启动资金够了。

之后的一年，畅畅的事业并未像小说中那样如日中天，《Trendmo 趋势》诞生不易，新生儿脆弱，作为一本最年轻的时尚杂志她们邀请不到顶流艺人，拍摄经费有限，团队刚刚成立。

每个月都是大笔投入，为达到理想效果，每一次的拍摄方案都极尽用心，在拍每个女艺人之前，团队都会翻遍她过往所有的杂志。

绝不重复已有风格。

她想挖掘出每个女性身上独特的闪光点。《Trendmo 趋势》镜头下的女性，有灵气女侠，有娇媚复古，有头戴斗笠宛若秘境杀手，也有丝毫不被吞噬的热烈光芒。

每一次《Trendmo 趋势》杂志发布新的照片，常登上热搜。

我在抖音上刷到营销号发她们的视频，也不止一次。采访现场，我忍不住打趣："你们到底有没有花钱做营销？"

畅畅抿一小口酒说："哪儿有这个预算啊。"

"一些特别好的时尚大号之前关注到我们，会主动给我们做宣传，后来我们关系很不错，每次出图都会帮我们做一些推广，再加上微博那边的朋友也有关注到我们，所以现在每期大片我们的关注度都很不错，上热搜概率很大。"

））

《Trendmo 趋势》出圈之前，畅畅度过了一段难挨的时光。

第一年创业没经验没名气,杂志基本上接不到什么商务,公司流水入不敷出,最惨的时候赔了80万,彻夜失眠。

"当时连员工工资都开不出了,我做好了心理准备,大不了就失败呗!是我的男朋友轩轩,把我拉到一旁,递给我一张银行卡。"

"他说里面是他工作以来全部的存款,拿去用吧。"

说到这儿,畅畅的眼睛红了:"轩轩是一个生活中很抠的人,他自己都舍不得吃什么很贵的大餐,但在我这里,永远是无条件支持我的。"她一边说一边又忍不住笑出来,"他和我完全不同,他是一个很松弛的人,心态很好,对我也很好。"

难得的是,两个性格迥然的人,灵魂上懂得对方。

在男友和闺密的陪伴下,畅畅和公司都挺了过来,随着高质量的拍摄和内容不断引起大众共鸣,杂志的风格和运营逐渐稳定下来。

和其他"出身贵族"的时尚主编不同,畅畅不是名人之后,没有光环,就是一个普普通通的90后女孩。靠着自己独特的视角、真诚的表达和不断探索商业化的努力,让《Trendmo 趋势》在娱乐圈站住了脚跟。

越来越多的年轻人喜欢她们的风格。

畅畅说:"我觉得90后这代人真的很优秀。不只是时代赋予更多机会与红利,而是大家很有自信、对自己喜欢的事情有所执着（我自己总结出来的一个特质），你越看不惯我，我越要干好。"

我问她："据我了解，在娱乐圈和艺人、经纪团队打交道可不是一件简单的事情，你有没有遇到一些棘手的情况？是怎么搞定的？"

畅畅说："真诚永远是最大的利器。靠资本，我没有；靠资源，说实话我没那么大面子。我这个人没什么优点，但我很用心，想邀请一个喜欢的艺人来拍杂志，我会提前做功课，拿出好多套方案去和对方团队沟通。真诚不是忽悠，不是画大饼，真诚是实实在在讲给对方听，你能给到什么。"

))

《Trendmo 趋势》和其他时尚杂志最大的不同，是对"时尚"的理解。

在网络上看到许多人评价："这是我们普通人都能看懂的美。"

有网友评论，"这是一种文化反向输出，以前大家都认为我们要学习欧美时尚，通过《Trendmo 趋势》的诠释，越来越多人关注到中华文明独有的时尚。"

我忍不住好奇："你是怎么想到做一本国风时尚杂志的？"

畅畅说："我本身就是一个特喜欢中国传统文化的人。我能一直坚持国风文化和国风元素，是因为我们的文化太博大精深了，从最早先秦时期的建筑文化到唐诗宋词，再到元朝的山水画，每一代的文化都能从中感受到东方文明独有的魅力，汲取一点点营养，就能生长出肥沃的土壤和鲜花来。"

她接着说："我觉得这是一个特别有意义的事情。每本时尚杂志创始人的出发点不同，大家都很好，先锋是一种美，国风文化是另一种美，我会更擅长从普通女孩的角度挖掘她们的美。"

一本杂志的风格其实是创始人的风格。

"包括我的闺密迪迪兼创始人，还有公司其他同事，都是特别美好的女孩子。我做得最对的一件事，是把这帮人集合起来。"

《Trendmo 趋势》的核心就是女性力量和东方美学。现在她们不仅拍女艺人，也拍女运动员、女高管，这些在社会上有影响力的女性。

聊到这儿，我问了一个稍显冒犯的问题："在你看来，野心对女性来说到底是不是一件坏事？现在网络上大家经常吵来吵去，好像女性优秀也是一种原罪。"

畅畅说："我从来不觉得野心是坏事，野心是迷人的生命力。"

聊到给普通女孩的建议，她说："就去追逐自己想要的人生吧！做自己喜欢的事情，可太爽了！"

勇敢本身，就是女孩最大的自由和底气。当你自己变强大时，所有的好运都会来。

))

畅畅身上有非常值得人羡慕的一点。

她的原生家庭非常好,这种"好"不是物质优渥,而是给了她十足的爱。

"我从小生长在有爱的环境里,我妈妈从来没有说过我一句不好,比如你不漂亮、你不优秀,没有说过一次。包括我高考失利,答题卡涂错了……当时我妈妈知道后也没有责怪我而是带我开车兜风。"

"包括我选择来北京,选择创业,我妈都很支持我。"

"我女儿是全世界最优秀的人。"

"我女儿是全世界最漂亮的啦。"

"这样的话我基本上每天都能听到,我整个人从内到外,都是有自信的,是因为我现在所有的样子都是妈妈给我的。"

"所以我更关注女性力量,某种程度,和我妈妈也有关系,我对女性有更多的亲近和好感。"

这种爱,是会给到对方能力范围之内最好的。强大的爱带来坚固不摧的信念。

畅畅知道就算她搞砸了一切,创业失败了,没钱了,再怎么糟糕,身后都是有人的。

"我从小和我妈关系就很好。小学六年级时,我喜欢上了一个同班男孩。对方对我不感冒,还经常和别的女孩玩儿,我很伤心,晚上就回去和妈妈分享。"

"可能很多家长听了会很着急,很反对。但我妈当时听完以后对我说了一句话:'不要为这件事难过,你喜欢他也很正常,他只是走过了你心灵最初萌动的地方'。"

她发现,原来喜欢上一个不喜欢她的男孩没什么大不了的。在一个不合适的年纪喜欢上一个人,也没什么。

直到今天,畅畅都经常拿这句话来释怀自己人生中的"爱而不得",无论是事业、情感还是人际关系。

"你觉得爱对你来说是一种底气吗?"

"不是没有爱就活不了,但一定是因为有爱,你会更丰盈、更开心。"

))

我们聊到现在互联网上一些比较"极端"的社会言论,比如女孩子就是要封心锁爱,"老娘不需要男人",女孩子搞事业就不需要爱情了。包括很多电视剧和文学作品,好像就只是把"独立"

和"搞钱"简单粗暴画等号，无疑失之偏颇。

畅畅说："我觉得是价值排序的问题，在家庭、事业、爱和自我之间，可能不同的人，在不同阶段，大家的排序就会不同。我认为没有一个女孩是不需要爱的。她可能不需要一段关系的束缚，不需要婚姻，但一定是需要爱的。这个爱也并非很狭隘的'爱情'，亲情、友情都是爱。"

畅畅现在和闺密迪迪一起创业。

包括她现在打算在北京结婚买房，她说："我买房肯定会给迪迪留间卧室。"友情在生命当中美好的程度，一点都不亚于亲情和爱情。

她们从大学到工作再到一起创业，九年的相依为命，早就将两个人的生命紧紧捆绑在一起。从挤在一张床上说悄悄话，到现在在公司里并肩作战。

"我生命中所有最辉煌也最狼狈的时候，她都在我身边。"

聊到这里畅畅显得稍微有些激动，她眼睛亮晶晶的，但下一秒却深深叹了口气："晓雨，你知道吗？有时候我会陷入一种深深的难过，是因为我和我的妈妈，我的闺密迪迪，我的男朋友轩轩，我们的羁绊太深了，可能没那么多羁绊的时候人会活得很轻松。"

"我现在会很害怕，害怕有一天他们会生病，会离开我。"

阳光透过纱窗，变得稀薄。

我们两个人坐在下午四点的客厅里，几度哽咽，我太懂这种感觉了。

因为太珍重，才会爱得惶恐，但也恰恰因此我们这类人才会彻底地付出，全情活在当下，将自己全部的真心掏出来。

畅畅说："我现在对一个人、一件事会百分百地付出，因为我不确定我未来的每一天，都能对他百分百地爱、百分百地付出，所以我在我爱他的时刻就要付出。只要是我爱的，是我选择的，就是全世界最好的。"

能够勇敢去爱，本身就是一件很幸福的事情。

人是要放肆爱一场的，无论是对家人、爱人，还是朋友。

爱情只是我们人生中很小的一部分。我们更多的是要放肆地、酣畅淋漓地、毫无顾忌地去追逐自己想要的人生。

说实话，毕业三五年之后，疲于生活的我们，可能对很多事情都没兴致了，工作陷入瓶颈，感情看不到归途，理想和旧日热忱都逐渐被柴米油盐所消磨，但千万不要因此丧失对生活的感知力，去楼下晒晒太阳，看一本喜欢的书，隔空和20岁的自己聊聊天。

你会发现，她一直在祝福你成为今天的自己。我们所经历的一切迷茫与焦虑，才让我们的性格变得更坚韧，心灵更开阔。

我想说的是，不要给自己设限。

畅畅就是带着这份热情和勇敢走到了今天。做出了这么棒的杂志，而在七年前，她也是会为收到500块稿费，而激动得想要送给自己一支口红做奖励的小女孩啊。

如果没有期待的话，
人生这条路也太远了

10

))

截至目前：
我总感觉，
我的人生就像一个预告片，
真正属于我的正片还没有开始。

每个人的困境都很具体，不是几句大道理能安慰得了的。

但我们还是要写、要爱、要拥抱。我们此刻的全部努力，不过都是在打造一个勺子，把那个在油腻生活里苦苦挣扎的自己打捞起来。

说来惭愧，有阵子我也变成了一个扫兴的大人。

当每天打开微信看着充满"小红点"的工作留言，再打开那些流水线一样热闹而甜腻的短剧和影视作品时，又或者被堵在北京的三环，看着"大裤衩"冷峻的灯光和桥下行色匆匆的路人时，时常感觉这个世界魔幻、分裂。所有的光鲜在夜幕低垂时就被打回原形，显得我们待价而沽的青春多拙劣。

这个时代越来越多的人变成了"空心人"，我们很忙，却又不知为何而忙；我们一直都很紧张，总感觉身后有什么东西追赶一样，不敢停，不敢张望太久。

有一天，我因为工作谈事情折腾了好几个地方，忙完一切后，躺在床上长长舒了一口气，因为太累，迷迷糊糊间感觉睡着了。

梦里突然闪过一个声音：这是你想要的生活吗？

那个声音听起来很熟悉，是我不敢与之相认的自己。

我拼命把被子拉扯过来盖在脑袋上，试图掩盖这些"魔音"，我不愿听到，是因为我真的很累很累，已经没有精力去思考人生了……

醒来的时候我发现我的眼泪都干了，黏黏的，像极了这个闷热漫长的夏天。我感到无比难受，却发现无人能够分享。因为大家的日子都很难，每个人都在经历自己的课题，我不愿再叨扰任何人，于是默默打开文档，开始书写，回到文字的世界，令我感到安全。

痛苦是无解的，唯有你打起精神来直面它，才可能与之共舞。所有故事都比不上你亲自去体验的人生。

那些降落在我生命中的雪花，最终穿过凛冽寒冷，变成了一种净化之力。

此刻你们看到的我，有被生活慢慢阉割的部分，也有新长出来的血肉。

))

和朋友们开玩笑说，当你足够倒霉，就会成为一名作家。

你找过房子吗？

我来北京十年了,粗略算了一下,起码搬了7次家,每次租房子的过程都堪称"血泪史"。

租房可比相亲难多了。

既要上各种App排查摸底,还要看自己口袋里的钱是不是与房子门当户对。每一次看房都像是开盲盒,你也不知道推开这扇门迎接你的是什么,而大部分房产中介都好像那个"劝你别挑了,赶紧找个好人嫁了"的媒婆,把房子一顿夸,这些年每一次租房子都令我懊恼,为什么没投胎成为一只蜗牛呢,自己的背就是家。

这个过程也有非常有趣的地方,我分享一些在北京租房子的"奇葩经历"。

我租的第一套房子是在2014年初,我在《中国周刊》杂志实习,还没毕业之前的寒假,我委托杂志社的摄影师哥哥帮我在北京租个房子。他刚好整租了一套,就留了一间卧室给我。

2015年,摄影师哥哥要搬出去和女朋友结婚,我大学同学搬到了我们小区,就和我一起合租了。

不到半年,房租到期。我正愁找房子这件事儿,那天在楼下帮朋友遛狗,碰到一个阿姨,阿姨上来就问我:"你有朋友找房子吗?我家有空房子想出租。"……我当时还以为自己碰到了骗子,结果阿姨带我去看了房,特别精致的装修,当晚我就去签了合同,很快搬到了阿姨的房子里。

原本我住得非常开心,房子格局好,采光好,冬天很暖和,房东阿姨住同个小区,时不时地串个门。

结果快到一年的时候,有天她敲开房门,表情格外凝重,大概意思是说她儿子离婚要分家产之类的,这套房子不能继续租给我们了。

好吧,我又开始愁找房子这件事儿。

那是"顺风车"在北京还比较流行的一年,我每天上班都搭一位大哥的车。大哥总换各种豪车,不是一辆,是好几辆不一样的豪车。好多叫不上名字的车,但一看形状奇特,就很贵。每次他接单,我都哆哆嗦嗦,上车不敢说话,一度不敢直视对方眼睛。

我纳闷这位大哥这么有钱还接顺风车的单?

难道是有钱人的日子太无聊了,找个人,说说话,解解闷。
猜想很多,从不对话。

直到有天早上就是我被通知要换房子的第二天,车子开在通惠河北路上,冬天的北京,雾气很重,他摘掉自己的墨镜,大手一甩,一个急刹车,突然扭过头和我说话的时候,我吓了一跳,颇有种恐怖电影的氛围。

"姑娘,你有朋友找房子吗?我有套房子想出租。"
……
我暗自松了一口气。

咦，这似曾相识的对话。

后来我才知道这位大哥是给上市公司老板开车的司机。

早年间，他自己掏了一部分钱，老板赞助了一部分，买下了大悦城附近的一套三居室。他老婆孩子都在老家，他一个人在北京住这么大房子，觉得很亏，就想租出去，然后自己在小区找套小户型。

没多久我就搬到了大哥的这套房子里，正规三居，南北通透，很舒服的房子。有时候大家还会聚起来吃个夜宵啥的。又过了一年，某天深夜我接到大哥电话，说他从北京开车去珠海，路上出车祸了，人在医院醒过来了没有性命大碍，但从此看透了人生，要卖掉北京的房子回老家。

他说不知道自己还会不会回到北京，但希望我们留下。

2017年，我决定不能再靠"碰运气"这种方式来找房子了，就找了房产中介。结果住了两年，突然有一天房东微信弹窗跳出来问我："在吗？"

我就知道，完了，房子又有问题了。

果不其然，房东说他父母都得了癌症，加上原本就在办移民。想快点把房子卖了。

我说："好。您只需要告诉我什么时候搬家，我提前找房子就好。"

很长时间他都没联系我。

年底我忍不住主动问了,他说,不必搬了,他父亲前段时间去世了,没多久母亲也去世了。

那个时候我的好朋友七天出版了一本讲北漂的书,上市之前,我们几个朋友录了一期宣传视频,在采访过程中聊起关于租房的经历,现场人听我讲完这些都觉得神奇。真是又想哭又想笑。离婚、车祸、绝症、分家产、移民、离开北上广……这些电视剧里能碰到的桥段,都被我碰到了。

我开玩笑说,难道自己是"克房东"的体质?

写到这里感觉自己不去讲脱口秀太可惜了,这么多奇葩的故事,愣是被我都遇到了。所以当你足够倒霉,就可以成为一个作家。这事儿,是真的。

最近因为种种原因又要搬家。黑夜里,感觉莫名好笑又委屈,怎么说呢,虽然时常感觉自己怎么会这么倒霉,但我还是很喜欢这样的生活,未知、弹性、永远充满奇遇。

尽管水深火热,可青春不就是用来上蹿下跳的吗?怕黑,最好的方式不是开灯,而是让自己变成发光体。

在东奔西跑这些年,无数个黑夜里,受过伤、伤过神,但我始终没对这世界感到厌倦，依旧保持惊奇。

比起波澜不惊，我更喜欢一片混沌中跌宕前进。

)）

北漂这些年，和我的租房一样不顺利的，是我的工作。

很多人说羡慕我年纪轻轻就找到了"写作"这项人生事业。事实上，哪儿有那么幸运呀，我是走了很长很长的弯路，直至把弯路变成了直路。

回想起来，我在事业上经历了三个阶段。

第一个阶段是我刚刚大学毕业，和所有觉得能改变这个世界的年轻人一样，狂妄不羁，充满热情，对一切都抱有希望，为工作拼尽全力，加班的时候都在自我感动，大脑会配上超燃的音乐神曲。

第二个阶段是在我工作三四年以后，我时常在回家的6号线上，感觉自己像被运输去屠宰场的羔羊一样，整个人都是被动的，巨大的无力感侵蚀着我，我才明白原来人生很多事情的主动权并不在自己手上，人没有办法在工作里只做喜欢的事，人也没有办法去用自己的沟通方式和所有人对话，要有情商、有资本、有运气，才能在这个城市站稳脚跟。

我在每天下班后的写作里，感到极其拉扯。究竟是要全身心投入工作里，还是去大胆尝试自己的爱好？究竟是要工作几年攒点钱就回老家，还是继续奋斗，努力在北京打拼出一席之地？究竟是要照着那些过来人说的"人生赢家"的模板努力，还是可以凭借自己的野心，去闯出一条可能不被看好的小众之路？

我不知道。

于是我努力挤出时间，去搞各种各样的副业，去做自媒体代运营，去和朋友合伙开婚纱主题的民宿，去报班学习各种新的技能，去尝试做直播和小红书，去传媒大学进修编剧专业，去钻研各个企业的财报和投资方向，还在职场里偷偷学习那些"优秀的同事们"，观察她们的逻辑思维和做事情的方法。

我依旧会焦虑，却慢慢感觉自己手里有了一些牌。这个牌，不是"我做成了什么"，而是我积累了大量"失败的经验"，对失败越熟悉，对成功就越敏感。

第三个阶段是我为了写好一本书，真的从职场裸辞了。

有朋友问我，你凭什么可以做这么冒险的决定？凭勇敢吗？

当然不是，我凭的是"鲁莽"。当一个人足够鲁莽，就不害怕试错和寻找新方向。

事实上，你永远都比你自己想象中更有承担力。

有一天晚上，我和编辑聊到国内疯狂的粉丝经济和"饭圈文化",实在不懂,她们怎么会对一个遥远的陌生人如此着迷?

越聊越上头,一拍即合决定出本关于追星女孩的书。

当晚我失眠了,整个人沸腾起来,我冒出一个大胆的想法,要走到线下,和她们一起体验追星,而不是被互联网的"妖魔化"言论所影响。

当时这个选题不被看好,大家觉得太小众。尤其我决定裸辞写书,比起疯狂的追星女孩,我这个为了写书辞掉高薪工作的人更疯狂。就这样,我踏上一段横店"卧底"之旅。

写书要等书籍上市后才能拿到稿费,失去工作的我就花存款,自掏腰包,拜托影视圈的朋友带我"潜伏"在剧组,在横店的明清宫苑旁观拍摄,了解到群演老师们的"走穴文化";在明星云集的剧组,"应援文化"更是一条龙,从策划、主题活动到和剧组搞好关系,看得我目瞪口呆,追星族们的专业程度比大厂的职场竞争还要激烈。

在那里,我听了许多个追星女孩的故事,写出了一本书。

回想在横店的那段日子,恍若隔世,整个人都沉浸在一种兴奋里,每天忙着采访和写作,当时并不知道《追得上星星的女孩》这本书的命运如何,也没有想过万一出版不了怎么办,甚至丝毫不在意这一年时间是否在虚度,就完完全全每天在为做自己喜的事情而感到澎湃。

后来我认识了一个 2009 年的小姑娘，她听完我的故事，做了一个很生动的比喻。

她说："人总是在不停'越狱'，逃离旧的认知、传统的行为模式，或者逃离自己不喜欢的环境，这个过程中最令人快乐的，从来不是抵达新生活，因为当你真正抵达新生活的时候，就开始新一轮的思考，我是谁，我要做什么，如何令这个社会接纳我……一个人一生中最快乐的，就是奔跑在路上的那一段旅程。"

迎着风，心无旁骛地一路成为自己。

每个人的生命中都注定有一段越狱过后的"奔跑时光"，它会让你看清楚自己的内心。在很多事上我浅尝辄止，好像就是为了那么一瞬的深刻。

之后，我开始确信，写作就是我一辈子的使命感。

因为我发现只有写作是我从不吝啬付出、不计较得失，不会瞻前顾后去想它值得不值得，它的意义在每一个文字里都得以充分实现。它让我分辨善恶，令我生长出无比坚强的内核，同时，它替我保留了那一份永远纯真的柔软。

我的心飘来飘去，始终无从降落。是写作让我意识到，人与人的成长方式不同，有些人生来就是要驻扎在现实中成为高楼大厦的一部分，而有一部分人，会变成一只荆棘鸟，永远鲜活飞行。

　　荆棘鸟终其一生，只唱一次歌，从它离开巢穴的那一刻，就开始了高歌之旅，它看起来是那么傻，用自己微小的力气去追求生命的极致。

　　这样的鸟儿注定不会为谁停留，却活得自由灿烂。我啊，就想成为那只自由的鸟，不被定义，做一个真实的、不那么完美的、鲜活的女性。

　　我在写这本书的时候内心会有特别强烈的声音，在不停告诉我，过往经历的一切，都只是序章，都只是在为我积蓄力量。

　　如果没有期待的话，人生这条路也太远了。有些人觉得 30 岁一切都来不及了，而我却感觉我的正片还未开始。

))

　　我常常觉得，我就是一个"灵魂碎片收集者"。

　　我在时间里漂流。我来到这世上唯一的使命就是去收集更多有趣的人和故事，我可能只是一个容器、一条通道、一台电影播放器，这些五光十色的斑斓经历，将我组成了一个立体丰富的人。

　　可能有一天我收集完了这些碎片，就会悄然离去。

　　我有一种谁都进入不了的孤独。

正如黑塞说："我们可以相互理解,但自我的诠释却只能亲力亲为。"

这也是我最近几年每次经历低能量期的时候,越来越少和身边人讲述的一个原因。过去的我,更依赖朋友的开导、旅行的美景治愈、自媒体博主们的经验参考,而现在的我会更信赖生活本身,更愿意把自己抛向危险而未知的境地,迷路是为了遇见美好。

那就去体验,就去触碰那些"心的禁忌",可能在身边很多亲戚朋友眼里,我是一个不够听话的女儿,总游走在社会边缘,但我已经想清楚了,用尽一生,我只想完成一件事,那就是成为我自己。

我有我想要去的地方,若你和我同频,欢迎一起踏上这段旅程,我会分享我全部的欢乐与地图。若有一天,我们要去的地方不再一样,我会同你轻轻挥手告别,祝福你有新的黎明与天地,而我仍会朝那金黄色的麦田深处走去。

有一天,一个孤独的老太太,坐在窗前,仰望星空,回望这一生,大抵也是深情的。

当你内心足够丰盛时,
一个人也会很快乐

11

))
忠于自我,
才是最大的美德。

北京有一家很漂亮的花园餐厅，非常适合约会。

那日中午，我抵达餐厅等候朋友的间隙，发现对面桌子布置得很漂亮，一大簇黄玫瑰，点缀着紫色风铃花，四周摆放着摩登的亮片装饰，白色羽毛一样的柔软丝带环绕着桌子营造出一种"法式油画风"，许多客人路过时都侧目惊讶，猜测可能是某位男士为了追求心爱的女孩精心策划的约会……

直到好友落座，大家还在猜测隔壁桌的主人公会是什么样子。大概快下午2点钟，人来人往，四周渐渐从热闹恢复到安静，有一个女孩从大门口蹦蹦跳跳而来，穿一身洛丽塔裙装，头戴水晶小王冠，背了一个很大的帆布包，昂首挺胸，像公主一样。

看了看她身后，没有别人。

她坐下来以后紧接着从包里掏出了三脚架、画报，以及一个补光灯，她把自己的手机支棱在斜上方，那张被打印好的画报上写着"沫沫，23岁生日快乐"，她雀跃地喊服务生可以上菜了，然后一个人，面对镜头，品尝着一道又一道的美味，镜头里默默记录着这美好画面。

吃到一半，餐厅工作人员推着小车，送来一个诱人的草莓蛋糕。

女孩礼貌接过。

这个时候整个餐厅都没什么客人了，除了我们这桌在谈事情，就只剩远远的位置偶有客人经过。女孩打开手机的音乐播放器，很小声地播放了一首《生日快乐》，然后一个人切蛋糕、一个人和鲜花合影，自己给自己唱生日歌，那份"一个人的仪式感"深深触动了我。

她轻轻地唱，柔柔地笑，安安静静地拍视频记录，在不被任何人瞩目的地方，过完了自己 23 岁亮晶晶的生日。

超长的饭点结束了，在我们都要起身离开餐厅之前，我看到女孩一个人默默打包好了吃剩的蛋糕，收拾拍照道具，重新塞回自己的帆布包——我恰好去结账的时候从她身边经过，下意识脱口而出："沫沫，生日快乐。"

女孩惊讶地抬头看我，我指了指她蛋糕一旁的巧克力名牌。

两个人相视一笑。

内心丰盛的人，快乐不需要别人给。

这个小故事带给我的震撼浪漫而绵长，直到此刻，我还能感受到那天中午的阳光余温和那首轻快愉悦的生日歌，真正内心强大的人，是可以在一片嘈杂声里坚定走向自己，自己就是自己最好的惊喜。

深入和自己的关系，就是深入生活本身。

))

我的好朋友 W 小姐也是这样的人。

她就住我隔壁楼,走路 3 分钟就到。

我一直以来都是一个情感依赖相对重的人,从学生时代到步入社会,在北京漂了十年,我每一次选择搬家,都会特意靠近好朋友们。

某种程度来说,我一直没有长大,还不适应疏离和完全独自过活的状态。

有一天夜里,我们俩在我家喝着糯香的桂花米酒,一路从工作、爱情、八卦,聊到彼此内心更隐秘的地带,那些关于自由和孤独的探讨。

我说,尽管我非常喜欢旅居生活,但我很确信,我不太适合一直"在路上",因为我清晰感受到,我是一个并不擅长频繁告别的人。

更深层次的原因是,我渴望与他人建立深度的情感关系。

W 小姐则是另外一种视角。

比起参与到世间的风景中去,30 岁后的她更向往一种漫不经心的绝对自由,她喜欢一个人旅行,享受自己的独居生活,面对令自己不太舒服的社交环境,她敢于切割。我们相识于微,我当然比任何人都清楚她这一路如何成长至此,可能在 20 岁出头的时候,我们会更多把生活的期待交给别人、交给爱情、交给事业,交给外面这个花花世界。

经历过一些事情后,我们会发现,内心真正的欢愉,从来不与别人有关。

"你是什么时候喜欢上一个人的生活呢?"

我支着脑袋,冒出这个疑问后恍惚间觉得,咦,原来再熟悉的人,我们都是在各自的人生轨迹里悄悄生长着。

我试图从不同的道路抵达挚友的另一端。

W 小姐的脸有些泛红,在这个微醺的夜晚,我们重新回看这几年的变化,原来在我们离开职场后的这些时光里,每个人都在用自己的方式继续升级打怪。很长时间里,W 小姐把自己的大部分时间交给了阅读,一本接一本女性主义的书籍,那些精彩又经典的国内外小说,不出门的日子里,她在用自己的方式"精神旅行"。

W 小姐说,她报名了贵州一家女性友好空间的活动体验,不日就启程。

闷夏多雨的日子里,她去了贵州,我去了上海。

我们彼此分享不同的体验。她发给我的照片和文字充满了大自然气息,荔波山上如烟如雾的村寨里,一群鲜活的女孩在艺术家改造的房子里谈天说地,白天外出采摘果实,夜里交换人生故事,W小姐更多的时间会带着书,静静坐在露台上享受自己一个人的旅行。

我做完两场高密度的活动后,偷偷给自己放了几天假,走在上海的安福路上。光影交错的梧桐树旁,到处是风格鲜明的咖啡馆、买手店和小众设计师的店铺,它们有的设计先锋,有的风格可爱,我完完全全沉浸在一个人的散步和想象中。

然后在巨鹿路的尽头,我点了一杯西瓜气泡冷萃咖啡。大口大口吞咽,小心翼翼感受。

我们性格中那些骚动不安的当下,一旦回到真实的生活中,就会被释放、转化,在时间的废墟中重新培育出天真与宁静。

上海的雨,细细如线,耳机里杨千嬅的《再见二丁目》传来,将眼前的世界和过往所有的经历都串联在一起,我突然明白了W小姐那晚未曾宣之于口的心里话:"原来我并非不快乐。"

一个人真正爱上与自我角逐以后,外界的一切都黯然失色。

当一个人和自我相处时,就是一个独立的元宇宙,我们能看见自己体内有关爱和理想的恢宏星云,能看见自己幼年的纯真无邪,能看见一路生芽、层层破土背后的成长轨迹,能看见"我的丰富""我的局限""我的无私与嫉妒",当我们能够和自己的各种切面相处时,就有能力真正游走于尘世间。

更年轻一点的时候，读到张德芬老师说的"亲爱的，外面没有别人，只有你自己"，当时很难理解这句话的含义。

而今，在无数次与自我拉扯后，我看清了所谓的恐惧：不过是不放心把自己交出去。

))

我在多年前曾与一个姐姐共事过半年。

不算太熟，只是彼此欣赏，偶尔惦念，发几句真挚的留言。

我认识她的时候，我二十多岁，她三十多岁，那个时候我无意中知晓她的职业履历，去过战火纷飞的国家，曾带国内一批顶尖企业家攀登珠穆朗玛峰，自己创过业，一直行走在事业和生活的前锋，谈过多段恋爱，却不执着于所谓的结果——那样一个热气腾腾的女性，出现在我眼前时，宛如行走的纪录片。

多年后，当我在全网热搜上看到她的名字时，并不意外。她是会走上更大舞台的人。她也是势必会带着传奇和流言，成为一直创造旖旎故事的绝佳作者。

这个姐姐爆红的契机是因为她是踩在那一年风口浪尖上的话题人物。她的先锋观点，在互联网掀起一阵热议，随之而来的追随者和声势浩大的网暴，同时降临。

很长时间里我都在关注她，有时会点进她的直播间，每次看到评论里那些恶语相向，我都不自觉带着点"担心"，替她捏把汗。

每一次都会被她的妙语连珠和强大的语言魅力所折服，就连那些"黑粉"都很难抵挡吧。

后来，我在内心默默给姐姐道了个歉，为我不成熟的爱和担心而道歉，因为有时我们所谓的"心疼"仍带有一种潜意识的傲慢，因为你把对方看得太"弱"了，才觉得对方支撑不住。

面对真正爱的人，你要去相信她足够强大，发自内心的信任和笃定才是恒久的"欣赏的眼光"。

那些互联网上的人并不了解她的过去，可能有人会觉得，她的一些言论，有"蹭热点"的嫌疑，但我接触过真实的她，她一直都是这样的。

一直都在提倡女性先为自己而活。不，应该是，只为"我"而活。

))

从第三人称到第一人称，不仅仅是一种人生角色的选择，更是一个拿回生活主动权的过程。

从"你怎么想""别人怎么看",到"我怎么会更开心更舒服",这个视角的转变,往往就是一个女孩子从青涩到睿智的过程。

再后来,我看着这个姐姐退掉了北京的大房子,一个人,一辆车,开始了全球旅居的生活。

在荒原的帐篷里感受苍茫的风声,在羊湖看满天星光,在下着雨的杭州郊野,煮着咕嘟咕嘟冒热气的小火锅,镜头里的她,喜悦而平和,仿佛世间一切纷纷扰扰都与她无关。

我想到许多年前,我们走在北新桥的胡同里。

那是雾霾很严重的几年,北京的冬天灰扑扑的,没什么色彩。她穿一件枣红色的大衣,蹬着长靴,走在我身边突然把我一把搂过去说:"晓雨,你冷不冷,靠姐姐近一点。"

也是那天,我们在一家狭窄的闹哄哄的门钉肉饼店里,听她讲述了自己做战地记者的故事,在无数个与死亡擦肩而过的瞬间,她确信,自己这一生要只为自己而活。

真正的危险,是不知道自己是谁。

"在伊拉克,我已经'死'过一次了。以后再无什么能限制我的,也再也没有什么能令我心生恐惧。"

20岁的我听到这段话时,振聋发聩,仿佛经历一场海啸。

我们所拥有的此刻都是劫后余生。

现在，姐姐 40 多岁了，她又开启了新篇章，而 30 岁的我也沿着那季风来的方向一点点爬上自己的岛屿。

))

写这本书的时候，我和身边的朋友说，或许这本书是我庆祝自己 30 岁到来的礼物。因为，从构思、写作，到交稿出版、上市发行，这个过程是有"时差"的，是给自己未来的情书。

我始终觉得，写作第一目的是埋彩蛋给未来的自己。

在往后不幸坠落深渊的时刻，我会回头借助此刻的勇气和希冀，一遍遍打捞自己。

成长就是一场漫长的"精神力夺回计划"。

去书写、去爱、去表达、去受伤、去无所事事，去大胆探索那些未知的世界；要主动争取，要尽情给予，在自己的一亩三分地里种下一颗关于理想的种子，渺小而伟大的我们，足以为自己构建一个更深邃更安全的灵魂摆渡空间。

世界很大，但我们自己才是宇宙的中心。

新时代的女孩，
不必再服"美役"

12

))
岁月悠悠，
你可别被忽悠。

真正的美，
其实是一种自信的张力，
不是五官惊艳，
而是对生活向上的姿态；
不是身材苗条，
而是自律笃定地追求心中所爱。

在许多社交场合里,大家经常在见面的时候,打招呼方式是,"哇,你瘦了",或者是"好久不见是不是发福啦",这种对女性的熟悉的调侃,几乎每天都出现在生活里。

从十几岁时的刘海、青春痘、胸部发育,到二十几岁的穿衣打扮,再从对未婚女性的风格规训,到生完孩子的女性身材的恢复。

变瘦、美白、抗衰老、变漂亮……这些关键词,和东亚女孩的成长紧密捆绑,于是无论走到哪女孩身上都自带一面"自证"的镜子,直至社交媒体变成一面公共的镜子,导致女性对自身的价值追求总沦陷在变美和被爱这两件事上。

你瞧。

不知不觉中,父权社会就通过审美完成了对女性的支配。

这套审美被资本和市场当作盈利工具,通过大量的广告、大量的影视宣传,不断劝说成年女性退回到少女或孩童的状态,什么"BM风"、锁骨硬币挑战、幼态脸,让女性在不断争夺他人认可的时候,让渡出自己的主体性。

明明我们自然的皮肤状态本身就有纹路,每个人体质不同,却被宣扬人人都要拥有无瑕疵冷白皮,被忽悠去做"整容",花费大量金钱时间去变美;明明我们身体健壮,一个好的体格才能在遇到危险时更好地保护自己,却被告知肉毒素能让你的四肢看起来更纤细,好像只有符合"白幼瘦"审美的,才是女人。

即便在今天,互联网上到处宣扬要接纳多元的美,生活中还是流传着"好女不过百"这样的俗语,有一天我在直播读书,有个ID不停在下面刷"晓雨最近是不是变胖了",客观评价无所谓,当我在认真讲解书籍内容的时候,底下却反复刷屏与主题无关的消息时,我真心会觉得有点厌恶。到底要等到什么时候,女性才能摆脱这无所不在的"美役"呢?

"美",对女性就是一场服从性测试。

它的高明之处在于,会在无数个场景中激发起女性的自我厌恶,借由父母的嘴巴、男朋友的评价,电视上那些不现实也不健康的女性形象,将这套对女性近乎严苛的完美主义,变成我们不断检讨的日常。

也许文字的力量很微弱,但我希望看完这本书以后的读者朋友们,可以把目光不只停留在她们的外貌与身材上,广阔天地,我们可以成为任何自己喜欢的样子。

))

有一天,我在小红书刷到个帖子叫:高考后要做的第一件事。我以为是毕业旅行、提升技能之类的。点进去发现是"割双眼皮"，底下齐刷刷的年轻女孩留言说：楼主在哪做的，求推荐医院。还有人说自己第一笔网贷就贡献给了做一双迷人的眼睛。

类似这样的笔记成千上万，其中大部分带的标签话题是"自信""女大学生""高考后的变美计划"，当然也不只是割双眼皮，还有各式各样的医美项目，都给高考休息期的年轻女孩安排上了。

先不讨论"医美"正确与否，而是对于涉世未深的女孩们来说，医院正规与否、安全与否，金钱来源，对审美的认知和自信的建立，这些东西都值得思考。

变美就会赢得一个闪闪发光的前程吗？这个社会只看脸吗？

如果真实的人生全部的竞争筹码都是"美"，那为什么还有那么多漂亮的女孩过得不如人意。如果我们都把时间、精力，全部都放在赢得外界的评价这件事上，终有一天，会发现你对自己的命运毫无掌控权。

岁月悠悠，你可别被忽悠。

真正的美，其实是一种自信的张力，不是五官惊艳，而是对生活向上的姿态；不是身材苗条，而是自律笃定地追求心中所爱。

活得漂亮，不在于外界的掌声如何响亮，而是自我内心的平和、快乐、充盈和散发出的光芒。

每个人都有自己的独特之处，我们容貌上的特点也是构成个人魅力的一部分。小雀斑是精灵在跳舞，双下巴是福气的象征，小麦色的皮肤令人想到《小王子》里无比温暖的金色麦田……当我们遇到容貌焦虑时，可以通过正面的自我对话，去感受那一份独属于自己的小美好，来增强自我肯定感。

打破社会"比较系统"，重塑我们的个人价值。

))

分享近来令我醍醐灌顶的两个观点，来自上野千鹤子和信田小夜子合著的《身为女性的选择》。

第一个是关于女性被"美和家庭"的束缚。

社会要求女性保持美丽、全身名牌、没有皱纹……这些现象的背后隐藏着两个关键信息，一个是把女性的价值建立在"性认可"上；另一个是女性总在真实的生活中失去自己的主权，变成"谁的妈妈""某先生的太太"而被社会认可，当下的确有更多的女性，通过自己的事业实现了社会认可，在她们身上，有没有婚姻开始变得不那么重要。

这恰恰是令上野千鹤子老师感到害怕的地方，女性还没有从旧制度中解脱出来，就又被框上新时代女性的"成功要求"。

比如出现在电视剧里的新女性，总是威风凛凛，总是全妆上阵、无懈可击，上一个镜头在公司里运筹帷幄，下一个镜头出现在厨房洗手作羹汤，总是有钱又很美。而这，既脱离了独立女性的初衷，也无形中再次变成重重枷锁。

普通女孩想成为的样子是，即便没有那么厉害、那么美，也能够获得同样的尊重。

第二个是东亚女性对"被爱的执念"。

书中有段对话："如果不被爱，我活着就没有价值了吗？""我才不在乎呢。""许多人害怕那样的孤独，可是真正体会过，反倒觉得痛快呢。"

我读到这里，十分兴奋。

过去我们总把单身女性与孤苦伶仃联系在一起，可有人一辈子不结婚，就是过得十分痛快。每个人的具体情况不同，不能一概而论。

说这些，不是在宣扬结婚好不好，我们每个人都是"幸福主义"，这个幸福标准，应该是由自己探索和界定的。

上野千鹤子老师对女性主义的定义是"我的价值由我创造"。

不必被社会审美所规训，不必被社会常识所束缚，不必把真实的自己包裹起来，无论年龄，无论背景，我们都可以让自己成为自己。

大学不是变美训练营,被爱也不该是成为困住女性的盆景。
如果此刻的你正在为这些烦恼,请提醒自己这些焦虑往往是社会标准塑造的产物,而非真实的自我价值所在。

真正的强大,不是来自外在的修饰与雕琢,而是源自内心的丰盈与坚韧。

))

我们都先是"人",才是男人女人,老人小孩,每个人都应该是"第一性"。
女性主义的思想,不仅仅是对性别平等的追求,更是对"人"的多元尊重。我们要勇敢地站出来,为自己发声;先让自己打破定义,去成为自己喜欢的样子;带着更广阔的视角去看这个世界,摆脱"雌竞"的第一步是建立自己的主体性,去创造、去拥抱、去重建自我秩序。
当然,在这个过程中,解决类似"容貌焦虑"的课题需要社会的共同努力和支持。

英国记者佩雷斯在《看不见的女性》中写道：苹果手机的尺寸，钢琴的标准琴键长度，都是参照男性的手长来设计的；汽车的安全气囊设置也是由男性的身高、身材来设计的，导致女性受重伤的可能性比男性高出许多，因为用于汽车碰撞测试的假人，是一个身高1.77米、体重76公斤的"标准男性"。

生活中许多不合理的设计，都是因为缺少女性视角，直接导致女性在真实的生活中更处于性别弱势……

这些话题听起来略宏大，但确实与我们每个人息息相关。

一个社会的文明程度，取决于它如何对待女性、小孩和老人。

这不单纯是女性自己的事情。作为普通人的我们，可以先从自己身边开始做起。

比如看到你的妈妈、你的妻子在家庭中的实际付出，给予正向反馈，给她们真正的欣赏与认可；比如鼓励女性长辈买自己喜欢的东西，培养自己的兴趣爱好，年纪大的人，也不该被剥夺享受的权利；比如上班时，看到化妆或不化妆的女同事都可以同样给出真诚的赞美……就算我们无法立刻改变大众认知，但在时间的缝隙中，我们每调整一点点细节，整个社会价值系统就会向女性倾斜一点点。

在真实的生活中，普通女性不可能永远维持表面的光鲜和平静，柴米油盐、繁忙的工作，已经掏空了她们许多人的精力，哪有那么多时间去时刻关注美不美这件事。

尊重每个人的独特性和差异性。

美是多样化的，不应被单一的标准所定义。

有一天我走在北新桥的路上，傍晚的夕阳懒洋洋洒下来，我随便找了个长椅坐下来，开始观察身边的路人，熙攘或停下的人。我看到抱着孩子的妈妈笑得很美，看到穿着校服和伙伴嬉笑打闹的高中生，看到戴着耳机匆匆掠过的机车女孩，看到坐在轮椅上的奶奶在树下和大爷们玩象棋，赢了棋后满脸容光。

在无数个能感知脚步与呼吸的瞬间，在我们的生存和生活的交界处，这些活跃在日常里的画面，令我无比庆幸。

把生活还给生活，把美好还给美好。

))

我 20 岁出头时，特别在意别人对我的看法。

有件小事我从来没有给别人讲过，特别特别小的一件事。

刚毕业的我在一家媒体工作，每天加班结束后的我经常饥肠辘辘。下班路上会路过东五环的一片小吃摊，有家特别喜欢吃的烤冷面，分量大，还省钱，味道也不错，我晚上经常靠这个填饱肚子。有天晚上，我在点单的时候，照常说"加糖加醋少辣椒，再给我来一根烤肠和一包辣条",旁边飘来一个男生的声音:"都这么胖了,还加肠啊。"

我当时脸都羞红了,准备瞪回去的时候发现,那个男生长得高大,体格健硕,看我的眼神充满了不屑和打量。

当时已接近凌晨,我不敢多言,拿过烤冷面后走在回家路上,越来越气,不知道是气这个男生的不礼貌,还是气自己怎么长得这么胖,气自己可以随意被他人嘲弄而懦弱到无力反击。

结果是,我拿烤冷面撒气,走到楼下把它恶狠狠地丢进了垃圾桶。

回想起那个画面,我觉得好笑又心酸,那段时间我因为这件小事都不敢照镜子,还减了一段时间的肥……后来日子就唰唰地过得很快,我这个人本身就不是那种活得很精致的类型,时间久了,我的心态就放平了,美丑对我而言没那么重要,健康就好。

更重要的是我经历了更多,生长出了一个属于自己的"核"。

这个"核"就是我对美的价值观,我意识到,一个人可以选择任何自己喜欢的生活方式,前提是源自她的主观判断,而不是被外界推着走,别人说你胖就不吃主食,别人说你垃圾就自暴自弃……这样,才是对自己的不尊重。

先支持自己,别人才会支持你。

先包容自己每个阶段的不同,才能与这个世界和解。

我们鼓励女性的坚毅,也同样要保留她柔软脆弱的权利。
我们鼓励女性的多元,也同样要包容"我"此刻的局限。

))

回头想,我的注意力和 20 岁时发生了很大的改变,从关注"外貌"到行动聚焦在个人成长和自我实现上,从渴望"被爱"的这种向外寻求认可,到通过赚钱、写书、创造,真正从内心深处提高了自我认同感。

如今,我非常确信并实践着,我的价值并不来自外貌和别人的评价.当你的心变了,世界也会随之慢慢地发生改变。

现在的我偶尔也会被别人问是不是变胖啦。

比如文章开头中我说的,在直播间里,类似这样的事情还是会遇到,但我的心态发生了很大的转变。

大多数情况下,我不会在意了,就算当下觉得不舒服,吃顿饭就忘了。因为不重要所以无所谓。

其次就是我愤怒的"点"有了转变,以前会自我怀疑、自我打击,还会 PUA 自己是不是不够漂亮、不够苗条,现在的愤怒会是一种对社会现象的失望,对女性处境的悲悯和无力。

终于，这些外界的声音令我生长出了更强大的内核，教会我学会拥抱自己的不完美，这个世界的不完美。由于这个时代大家对速度、精致及功利的执着，同时生活又处于无限加速的"快车道上"，从而使每个人的价值观和信念不得不退居次要的位置。

我始终觉得，对女性成长来说，比变美更重要的是，打磨出一颗更强大的心和一套能自洽的灵性哲学。

打破美丽羞耻，穿了好看的裙子不用闪躲，没化妆也要昂首挺胸。

打破年龄羞耻，30岁不一定要结婚生子，还可以和姐妹快乐追星。

打破努力羞耻，想为自己喜欢的人生够一够，这样的野心了不起，想要停下来歇一歇，这样的放松同样有意义。

希望有一天，每个人都能平等地追求自己想要的人生，好好感受每一个当下，才是我们活着的意义。

13
爱了很久的人，
配得上任何结尾

))

小时候的"爱"是，你就是全世界。

长大了的"爱"是，你有你的世界，我有我的世界。

我们偶尔串台，但终将各为阵营，

继续为自己想要的人生冲锋陷阵。

暴雨中，我们的车子行驶在盘山路上。

手机失去了信号，眼前大雾弥漫，狭窄的空间里顿时变得安静紧张。雨刷卖力地挥舞着，司机师傅专心盯着前方，我不知道自己睡了几晌，醒来后进入隧道，像误入一段平行时空。

前方似有塌方事故，我们的行程变得愈加缓慢。

时间在这里按下了暂停键。我和好友小羊，两个人索性往后一瘫，开始漫无目的地聊天。

我说我有阵子感觉很虚无，就是不知道自己当下做的这些事情有什么意义。

她听后给我讲了一个梦。她说自己梦到了李白，梦中的李白还不是后世流传的"大文豪"，只是一个失意、憋屈、有点骄傲但老被现实打击的年轻人，在大唐过得不顺心，时不时发疯，提着二两酒，在月亮下舞剑，有人觉得他很酷，有人觉得他有病。

那是公元720年的春天，19岁的李白正在四处游历，从家乡出发后，前往锦城，就是如今的成都，满心想着要为国效力，实现自己的政治抱负。

在那里李白拜见了益州大都督府长史苏颋，对方向朝廷推荐了李白。然后，苦苦等待，也没有等来一官半职，郁闷的李白无处发泄。

在梦中，小羊试图去宽慰李白，问他为啥看起来这么不开心？

李白一甩衣袖，坐在河边，张口就是吐槽他的职场遭遇，用我们今天的话来说，他总是被"裁员"，在"卷"得不行的大唐职场中找不到自己的一席之地。

小羊说："我是在那一刻突然意识到，即便是李白，他都不知道自己的命运，他不会知道自己这一生最大的意义是留下了那么多脍炙人口的诗句，而非什么官场政绩。他此刻为找不到一个心仪的工作这么痛苦。那你说，如果他知道历史，知道自己的那些诗句影响到了后世那么多人。会不会减轻他当时的痛苦？"

我说："谁知道呢。"

"我们在当下，是无法理解我们这一生的意义是什么的。只有结束的人才知道，但灵魂没有办法向我们开口了。"小羊挑眉笑得明媚。

这样一个有趣的梦境，引起了我的共鸣。

是啊，身处其中的李白并不清楚，他所有的跌宕，最终成就是那个"诗人李白"，而非"官场李白"。

彼时的我，正困惑于一段感情的来去，我在很长一段时间里怀疑爱情的意义、生活的意义，假如一切终将过去、终将消散，那我们眼前的这些东西又算什么。

我把这些讲给小羊，她说："不是的，晓雨，怕失去是人之常情，但不能因此否认正在经历的这些故事——就像你写《体验派人生》一样，过程即意义本身。"

好的感情就是好的感情，好的当下就是好的当下。
即便下一秒我们改变了想法，那一刻也是真实的。

))

我要讲的第一个故事有点唏嘘。
2014年我来北京实习，和几个朋友合租，我住小次卧，隔壁是杂志社的摄影师哥哥，主卧是一对80后情侣。两人好的时候如胶似漆，不好的时候直接开打，砸门砸电器。惊呆了初入社会的我。

不知道他们谈了多少年，然后决定结婚了。
定日子前两个人跑去西藏旅行了一圈，回来后，姐姐分享他们这一路的鸡飞狗跳，好多次她都想放弃了。感觉两个人性格着实不合适。甚至在布达拉宫前碰到的"算命大师"都说他们不合适。
姐姐笑着说："也不晓得是不是想赚我们的钱。"
她嘻嘻哈哈地分享着插曲，在吵吵闹闹中还是走上了备婚之路。
为了省钱，姐姐从网上淘了一套很便宜的婚纱，并不合身，我在出租屋里帮她绑腰带时，触摸到衣服的面料是那种很劣质的塑料欧根纱，很扎，贴身穿一会儿皮肤就会泛红。

她开玩笑道："这次就这样啦。"

"下次再结婚，我可要买一身合身的婚纱。"

说完赶紧"呸呸呸"了几声，逗乐了我们。

还没等到婚期，我们合租的房子就到期了。

刚好我的大学同学来北京，我们想住得近点，姐姐他们搬去新家，就这样，大家分开了。

再后来的北漂生活兵荒马乱，谁也没工夫在意他人。一眨眼多年过去，大家渐渐失去联系，直到前几天，那个姐姐突然在微信冒出来和我说"晓雨我离婚了"，我还没反应过来，她紧接着发了一句："你信命吗？我真的信。"

原来早在结婚之前，这个姐姐就意识到了他们之间巨大的价值观差异，但还是选择了结婚。

我不解。

如果早知道不合适为什么不离开呢？

她说，痛苦也是有快感的。在这段关系里，两个人相爱相杀相折磨，爱到最后精疲力尽，却感觉不"结个婚"对不起这一路的用力折腾。

尤其是在西藏，无意中碰到的那个算命师傅，直言他们命格不合。要强的女孩，心一横，决定和命运较劲。

刘若英唱道："爱是天时地利的迷信。"

年轻时的爱就是一种不信邪。在骑虎难下和虎口脱险中左右挣扎，直至分不清自己是那头虎，还是那个险。

末了，姐姐苦口婆心对我说起"选择的重要性""人要信命"。我倒觉得，不躲开任何境遇才是真的"命"，我们总幻想，如果回到过去，自己有很多条路可以走，事实上你从来都只有眼前这一条路。无论欢喜寥落，走过去，才能构建新篇章。

我相信，他们也曾携手走过鲜活的岁月、有趣的生活，试图在彼此的精心喂养中生长出新的模样，但很可惜，这座开在荒漠里的花园仍没逃过衰败。有些土壤就是不会开花，有些东西死掉了，便不会再生长。

末了我和姐姐说，不必遗憾。

你们相爱过的那几年，貌似回忆是糟糕的，但过程一定有它的美好。

爱了很久的人，配得上任何结尾。

小时候的"爱"是：你就是全世界。

长大了的"爱"是：你有你的世界，我有我的世界。我们偶尔串台，但终将各为阵营，继续为自己想要的人生冲锋陷阵。

））

　　我要讲的第二个故事，是近些年我最喜欢的一段爱情故事。

　　2019 年，从北京飞往成都的旅途中，我旁边坐了一个姐姐，她不吃带肉的飞机餐。我翻出自己包里的小零食递给她，小心翼翼问她吃不吃，没想到对方欣然接受还和我唠起嗑来。

　　她说要在成都转机，然后一个人飞加德满都。

　　"一个人？"

　　"嗯。"

　　可能是我这个人英语不太好又没啥丰富阅历，在当时的我看来，一个人出国旅行，是件很酷的事情，而接下来她的一句话才令我惊讶。

　　"今天是我的结婚纪念日。"

　　"啊？"

　　面对我瞪大的眼睛，这个姐姐笑得很温柔，她说这一趟，是她和自己的爱人结婚十年的纪念日，此刻的男生，同样在飞机上，但是去埃及。

　　我不解道："为什么不一起出去旅行呢？"

　　姐姐说他们最初就是在旅行中认识的。彼此只是"驴友"，没想到两个人当时在国外一见钟情，彼时的她 20 多岁，很年轻，并不知道婚姻意味着什么，但又真的很喜欢，最热烈的时候两个人横跨几千公里只为见对方一面，后面回国后就选择了和对方结婚。

一眨眼，十年就过去了。

"我们当初都是不婚主义者，所以婚礼上，朋友都不解，两个这么爱自由的人是心甘情愿结婚吗？"

他们不言不语不解释，只是遵从自己的本心。两个都是不愿被束缚的人，因为对方，都甘愿让步出"一部分自己"来。但在他们眼里爱是有底线的，如果哪天，觉得婚姻这件事带来的桎梏超出了快乐，他们也有勇气去做其他选择。

于是他们约法三章，每年结婚纪念日，送给对方的礼物都是，一个完全属于自己的假期。

比较特别的是，他们规定在这趟特殊的旅行中，不能两个人一起出行，而是在同一天，必须选择不同的目的地，分开旅行。

在这趟完全属于自己的旅行里，你可以静下心去感受、去重新问自己，还想不想和现在的伴侣继续在一起，眼前的生活还是不是你想要的，旅行归来，仍然觉得爱情比自由更重要，仍然觉得眼前这个人"非你不可"，就继续在一起。

好的爱情，如同回家；好的伴侣，就是久别重逢。真正的爱不会教你与"自我"分离。

"妹妹，有一天你会知道，在漫长的一生中，我们能做的选择太多了,故事的结局可能不止一种,时刻忠于自己的心就好。"

这是她们的第十年,我不知道后面会如何。

在他们身上我看到爱的另一种呈现形式,亲密关系的本质,就是一种共享生命的共振感,是一种奇妙的频率,当我们都在这个频率上注入力量,才能生长出翅膀来,翩翩起舞。

))

前段时间,一个编辑朋友向我抛来一个选题。

她说感觉当下的年轻人都有"恋爱困难症",建议我可以以此为出发点,来做一个专题,或者写一本书。

我在和自己的内在小孩对话时,发现一些奇妙的现象。

当我仅仅是观察、记录、旁观别人的生活,我会觉得人类很可爱;当我对一些关系和事物投入进自己的私人情感时,又觉得人类好烦。过了那种动辄爱一个人就惊天动地的年纪,而今我对"恋爱"这个课题的那种好奇和探讨,变稀薄了。爱自然是重要的,但不是必需品了。

这个时代,谈恋爱并不难,难的是遇到真诚的爱,以及大家都具备了解爱和给予爱的能力，说实话，大部分人口中的"爱"只是寂寞和缺乏陪伴罢了。

不过是一些饥肠辘辘的人，灵魂空洞，见到好看的皮囊，眼冒金光。或者被高浓度的关爱所填充。都市里常见的恋爱桥段，只是一场场荒诞的轮回。那种甜腻的好感或者荷尔蒙的躁动，更多的是出于本能，离爱太远了。

在我看来，爱是一种本能，但真正和另一个人建立深度的情感关系，还需要这个人具备主体意识、具备修复自我的能力，以及真切关注他人的耐心与包容。

所谓的"恋爱困难症"，并非恋爱困难，是大部分人心智都不够成熟。

我最喜欢的一本书是《悉达多》，黑塞以古印度为背景，探讨了人类的精神追求与修行之路。在修道路上，爱情故事虽然不是这本小说的主线，但着实触动我，因为所有关于成长的课题都可以在爱里"小孔成像"般被浓缩。

主人公悉达多，在经历了一段时间的苦修后，开始转向世俗生活，体验人间百态。在这个过程中，他遇到了一个美丽且智慧的女人迦摩拉，她的出现让悉达多感受到了前所未有的情欲吸引。于是他们恋爱、交往、互相了解，迦摩拉不仅成为他的情人，更在一定程度上成为他精神上的导师。

随着悉达多对自我认知的深入，他开始意识到这种对爱的沉沦，并非他所追求真正的使命。

最终，悉达多选择离开深爱的女人，回到河边，成为一名船夫。

他们分开之前。书中有一段特别打动我，两个人在缠绵过后，迦摩拉对悉达多说："亲爱的，你依然是个沙门。你并不爱我，也不爱任何人。难道不是吗？"

悉达多说："或许是。"

迦摩拉又说："我就像你，你也谁都不爱——否则你怎会将爱当作艺术经营？像你我这类人大概都不会爱。如孩童般的世人才会爱。这是他们的秘密。"

世相之轮不停流转。

亲口品尝一口尘世的滋味，而后平静离去。

尽管悉达多与迦摩拉的爱情故事以"分离"告终，但这段经历却让他更深刻地理解了爱的意义，爱是一面镜子，帮你照见真实的自己。爱从来不是牺牲，不是俗世的价值交换，是一种更本真的带彼此回家的感觉。

爱是不计代价，自我承担。

爱是全情投入，活在当下。

就算重来一百次，我也还是会选择过这种泪水盈盈却充满生机的人生。

爱的终极意义是教会我们去成为自己。

小说的最后，悉达多不再局限于对某个人的情感，而是将这份爱扩展到了整个宇宙和所有的生命体验之上。

从这个角度来说，你爱过的人都是你的老师。那些离散后幽闭的哀愁，都在帮你开启新的法门。

我们年轻时体验的这些爱恨情仇，它的更大意义，不只是当下的心动或心碎，而是把我们塑造成一个丰满、立体和永远不会褪色的人。

写了这么多，并不是在否定爱情的意义。

恰恰相反，我始终相信爱，愿意付出爱，只是不再执着于爱的形态和爱的结局了。

同时我很确信我身上有一种不竭的爱。这种爱，并非特指亲密关系中的能量交互，更多的是一种生命力，如果你能好好爱一朵花，就能好好爱一个人，如果你能好好爱自己，就能更接近生命的奥秘。

能不能做成一件事，
取决于愿望的浓度

14

))
真正的强者，
不会被浪潮随意推着走。
风浪再大，
他们都把不移之物紧紧攥在手中，
漂浮在不确定的时代里，
你必须明确自己的心之所向。

很长一段时间,我都想远离社交媒体。

每次打开手机映入眼帘的都是:7天重启人生,1个视频教会你如何成为"逆袭大女主",22岁赚到人生第一个一百万,30岁裸辞靠自媒体实现财富自由……好像全世界除了自己是原地踏步的废物,所有人都倍速奔跑,冲向金光闪闪的理想之地。

当代的社交文化,未免过分热忱地兜售所谓"模板化"的人生样章了,而最终,我们高喊"做自己"的旗帜,差不多又是被归结到如下几点——考上了什么学校,年薪多少,去过多少个城市旅行,有没有自己行走的社交名片,一个女性如何又当辣妈又搞事业,外界给以怎样的敬意和鲜花,这种宣扬,随处可见。

观众只盯着那吸引人的黄金三秒,无人在意我们是如何走到大家面前。

我一直觉得,年轻人需要的不是人生模板,而是鲜活真实地被看见。

不要被"裸辞后赚了多少钱"轻易蛊惑,引导我们抛弃世俗眼光,却又投掷于另一套成功的伪命题价值体系。

不要打着"女性独立"的名义规训女孩,既要在30岁之前结婚生子,又不能忽视自身的成长和职业晋升。

不要因为别人早早交了卷子,你就胡乱涂写答题卡,很有可能,每个人去的考场压根不一样,有人早早进入体制内构建自我的安全感，有人就是喜欢漫无目的地探索与冒险，在游荡中确定自己下一站去哪里。

在越来越同质化的时代里，看着同龄人精彩的生活，觉得自己的日子寡淡而无趣，这种落差感带来的焦虑，其实很正常。

永远不要觉得其他人的人生很容易，不过都是一些切面罢了。去了解自己，而不是成为别人。

))

我们的人生观不该被社交媒体塑造。

自媒体的初衷是展现多元化的人生样本，而不是去规定我们要成为什么样的人。把注意力集中在自己身上，清醒而不愚昧，中立而不约束别人，专心朝着自我前行。

冲破楚门的世界，去拥抱真实而平凡的生活。

曾经有一件小事改变了我的人生轨迹。

前年秋天，我去深圳参加了一场商业游学，我的老师伍越歌在我当日抵达南山后，带我去吃椰子鸡火锅，席间我们两个人聊到，年轻人到底要如何找到自己的热爱。

人人都说大器晚成，可真实的世界里很多人并没那么多试错成本。

火锅的蒸汽在空调屋里缭绕，又热又冷，甜甜的椰子水和咸香鲜嫩的鸡肉混在嘴巴里的味道像极了我们的生活，有嚼劲，好吃，但又充满矛盾。

伍老师笑着说："其实在我们中国的传统文化里，最早并没有'大器晚成'这个词，而是讲究'大器免成'，顺应自己的本性去成长，才能成就自我。"

真正的大器，浑然天成，并不需要刻意追求。

一个人，如果能够找到自己的天赋热爱，做真正喜欢的事情必然是轻松的。

我们并不需要成为一个固定的样子，这份"大道无形"体现了老子的核心思想，这句话的出处到现在还有争议。

从文化和哲学角度来看，"大器免成"确实与道家有着紧密的联系，道家强调自然无为，顺应天道，认为宇宙万物都有其运行法则，我们更应该去遵循事物的规律，而不是去强行改变自己，或者过分施加压力去干预"内在小孩"。

学会给自己松绑，跟着自己的心意和热爱去走。当你足够相信自己，你才能发挥出隐藏的天赋力量。

))

在我们那场游学里，我认识了很多厉害的前辈，有靠自己的兴趣爱好成为职业整理师的，有人因为"爱美"和研究珠宝而开出了年流水过亿的珠宝公司，还有曾经是演员但发现自己对国学更感兴趣，而转行投身于弘扬中国传统文化的，还有我的好朋友舒丽，她原来是一名写作老师，自从发现自己在心理疗愈方面有天赋后转型成为心理咨询师。

我们一大堆人围炉夜话，各自分享着隐秘的故事和澎湃的成长经验，我在倾听的过程中发现，这些熠熠生辉的灵魂背后，都有一个共同特征，她们都找到了自己的心之所向。

并且笃定、自信、及时地去行动了。

但是，你会发现，每当你做一件新的事情的时候，你的身边可能会多出一批批评者，或者说评判者。

肥胖的人不希望别人苗条，酒鬼朋友不希望别人保持清醒，键盘侠们看不惯互联网上的种种美好生活……

总之就是当你决心改变自己的时候，一定会出现各种各样的阻力。

但是请记住，外在的这些阻力，只是纸老虎而已。

令你无法前行的还是自身的恐惧和不自信，所以当我们无法从外界得到支持的时候，可以选择回到阅读中，回到具体的生活中，去寻找和你更加同频的人，加入你的"梦想发芽期"，并且一定要在年轻的时候给自己争取更多时间，去探索、去学习新的技能，去认识更厉害的人。

从庞大的"机器体系"中抽身，重建自己的生活。

在这次游学过程中，我看到了鲜活的人生样本，她们都是依靠自己的天赋和热爱，在这世界找到了属于自己的一席之地，那么，我也可以，大家都可以。

之后这两年，我开始真正关注我的天赋，重新长出了观察世界的触角，我发现我更擅长与人建立深度的关系，比起在工作中依靠缜密逻辑做PPT，我更擅长在镜头面前娓娓道来，在生活中给大家讲故事。就这样，我从追求目标和KPI的"职业人"变成了一个享受与人交往所带来的幸福感的"滋养型陪伴者"，陪伴更多人走上写作、表达和自我成长之路。

很多人说，晓雨，好羡慕你，你是一个内核很稳的人，是一个很能坚持做事的人。

嘿，也不怕大家笑话啦。

其实我压根不是这样的人。从小我就是一个非常典型的"三分钟热度"、没什么耐心、也不喜欢学习的人，但我做了非常多的尝试与探索，把无数个"三分钟热度"相连了起来。

))

给大家讲一个故事。

大二那年，我感到非常迷茫和焦虑，完全不知道自己将来何去何从，普通学历的我没什么竞争优势，而喜欢的写作和文学梦想在很多人眼里，完全是不靠谱的职业方向。

于是当我的好朋友提出"要不要一起去学化妆"这个建议时，我觉得还不错。化妆是一门手艺活，是技术，学好了肯定将来可以去接单子，起码自己饿不死。于是我拿着自己攒下来的稿费还有部分老妈的支持，一共两万多，去学校外面报了一门化妆师课程。每个周末去上课。

刚开始去学习的时候，很新鲜，我感觉化妆也是我自己喜欢的事情。

学了一阵子，我就开始觉得痛苦，因为我是一个坐不住的人，当我们两两分组，互相给对方化妆的时候，别人给我化妆我坐立难安，导致各种进度卡顿；当我给别人化妆的时候，因学艺不精，总是把朋友化得很难看……我自己都不好意思了。

再到后面我就对化妆产生了很严重的抵触情绪，每次坐公交车去化妆学校的路上，我都感受到一种难以忍受的憋屈感，甚至有一种花钱找罪受的感觉。

相反，我的好朋友则甘之如饴。

她每个礼拜最期待的就是周末去上化妆课，因为她本身就很爱美，自己平时在宿舍常研究流行的美妆，买了很多杂志画报，把上面好看的模特、搭配、妆容都剪下来贴在自己的床头。

她不喜欢阅读写字，却能记住几百种口红色号。

她上课时昏昏欲睡，却在化妆课结束后一个人对着镜子反复练习。

她和我说，感觉我们两个人手里各执一支笔，我的笔用来写故事，她的笔用来勾勒每个角色鲜活的样子，她对化妆的热爱，促使她在大学时代就拥有了很不错的技术，同楼层的女孩经常排队去约她的化妆。

而我在化妆课上，虽然痛苦，但渐渐地，我发现我很喜欢拍照，每次在大家练习结束后我都会拿相机记录下大家不同的造型、每一张鲜活的美丽脸庞……大学毕业之后，我和好朋友就各奔东西了，我的化妆技术依然很烂，连眉毛都修不好，却因此习得一手人见人夸的摄影技能。

))

后来的日子，我去了北京，朋友回了家乡。

她在刚回家休息的那阵子，去了一家婚纱店当化妆师助理，原本是想过渡的，打算赚点外快再去找专业相关的工作。

没想到，因为她特别好学，本人性格好、情商高，不到一年的时间，就从化妆师助理做到化妆师、化妆总监，后面一路当到了副店长。这期间她积攒了大量本地的行业资源，比如化妆师资源、摄影师资源、婚礼策划的资源，几年后她靠着自己的积蓄在老家当地开了一家婚纱摄影店，一边开店，一边教学，靠对"化妆"的这份热爱走出了一条属于自己的花路。

上天给一个人的命运，其实是一个人的爱好。

我很喜欢产品经理梁宁说的这句话，第一次听到便觉振聋发聩，我俩的人生就是这句话的缩影。

对我来说，化妆，只是一次副业的探索。

对我的好朋友来说，却是改变她人生的契机。

这就是天赋和热爱的力量，我相信，很多人一生都会困惑，到底我喜欢什么，擅长什么，能不能靠喜欢的事养活自己。其实这里面最关键的就是实践。有的人沉迷空想，时间白白溜走，有的人大胆行动，无论成功与否，总归又排除掉了一个选项。

我从十几岁到三十岁，走了很多乱七八糟的弯路，大量实践过后才明确，原来我最喜欢的事情就是写作，无需任何外力驱动，我就有忍不住想表达的冲动。

去做让你觉得轻松和快乐的事，你就要比常人更有天赋。

没有一个人能面面俱到，就像有艺术细胞的朋友更能捕捉生活的美，去钻研数学可能会苦恼，而有数学天赋的朋友自有一套独到的知识体系，喜欢安静投入眼前的公式解密中去，让他去学跳舞可能会觉得很烦躁。当然，所有东西都并非绝对的、二元对立的，很多人是拥有多重天赋的。去试了，才知道自己喜欢什么。

举这些例子只是想告诉大家，上天给我们埋了许多个彩蛋，只要你不停地"砸"，总有一颗金蛋里，会掉出你想要的东西来。

))

我想借这篇文章带大家重新理解天赋。

有人说，我没爱好啊，就算喜欢唱歌，也毫无天赋。

类似这样的话我们从学校到职场听了太多遍，很长时间里，我也这样觉得，觉得自己压根没有任何文学天赋。

这是因为在传统的文化语境里，我们通常提到天赋都在强调"能力天赋"，是用大脑思考和过往的经验来做判断，在这件事上我能不能比别人做得更好、更快，更容易收获一个好结果。而常常忽略来自内心的声音，这叫一个人的"意愿天赋"，就是你说不清这件事哪里好，赚不赚钱，但就是很喜欢，忍不住去动手。做真正喜欢的事情一定是轻松的。

回头看，我自己就是一个极致发挥出"意愿天赋"的样本。

出身普通、不爱学习、高敏感、思维发散，讨厌复杂的人际关系——每个点都踩在东亚社会"模板人生"的雷区，而我在感受到写作的召唤后，没有迟疑地去写了，且一直遵从着内心的声音，走到这里。

我在初中时就幻想，我将来会成为一个离群索居的作家。说来挺搞笑的，那个时候经常萦绕在我耳边的是三句话：我是特别的；我要离开家乡；我会写出自己的书。

这三句话来自我"内心小孩"的呐喊。可能恰恰是这种日复一日的心理暗示，我不断在大脑里预演着自己长大后的模样，就是眼前这样，坐在窗边，敲着键盘，分享着我的见闻和故事，我要我的人生由我创造。

一个人能不能做成一件事，不取决于能力和天赋，而是取决于你的愿望的浓度。

事实上，任何人都能够成为自己想成为的人，只要你想，就能做到。财富和结果不过是能量的载体。不理会内心的声音，就是在放弃自己想成为的那个人。

真正的知行合一，不只是讲行为和内心的和谐，而是一种生命的节奏律动，在冲突中前行和不断地内省。从某种程度来看，如果你没做好，就是没有真正理解。

因为喜欢写作我就疯狂投稿，登遍各种杂志；想来北京就不顾全家人的反对，在9平方米合租房里享受伍尔夫式的精神乐趣，一点都不觉得辛苦；对追星女孩的文化现象感兴趣，就毅然裸辞去横店卧底采访写书，沉浸在那种追求自我的成就感中；现在除了写书，我还参加读书会、当私教、参与创意文化活动，这些事，的出发点都是"我喜欢"和"真好玩啊"。

不是因为困难重重，所以心生畏惧；而是心生畏惧，事情才变得困难重重。

总是带着苦大仇深的想法去行动的猎人，往往摘到的果子也是苦的；那些轻盈的、雀跃的，小鹿般蹦蹦跳跳就把任务做了的，不仅快乐，还拥有了整片森林。

在当代社会中，大部分人总是把功夫花在自己并不喜欢但觉得应该做的事情上，而不去想自己真正渴望拥有的东西。

天赋不是被创造出来的，天赋是我们不断听从内心的声音，拥有"爱上眼前世界"的能力，它无处不在。

天赋没什么了不起的。

真正拉开人与人之间差距的是，敏锐察觉到一些小的天赋，就快速去行动。

不要高估热爱所带来的幸福感，也不要低估自己的决心，只有去做了，你才知道，对自己曾仰望的理想究竟是头脑一热的热情，还是持久绵长的热爱。

热爱当然是需要检验的。大胆去做，多给自己一些信心，不只是"试一试"，而是"能做到"。

我有一次和朋友抱怨："啊，我这个月的计划没完成。"紧接着下一句就是"那就下个月继续努力吧"。旁边的朋友说："你不能这样哦，总是抱着尝试的心态，就假定了一种悲观的预期，做不到也没关系。总是提前为失败找借口。总是一边走一边给自己留退路。有再多目标都没意义。"

所以现在的我会允许自己失败，允许自己有野心，允许自己赔钱，但不会再允许自己走三步退两步。

行动之前不要否定，开始之后要全力以赴。
你的时间浇灌在何处，哪儿就会开花结果。

疯狂的目标不见得就比普通的、微小的目标更难实现。

当你足够了解自己，内核变稳，外界的声音就不足以影响你，所谓的"迷茫"早就在行动中不攻自破。

想象力这个东西很有趣。

如果一味憋在自己的心里，就会变成情感内耗；如果你尝试去落在具体的行动上，很有可能立马就碰撞出化学反应，变成了你所独特拥有的天赋。

生活是无穷无尽的，没有结局可言。每天多了解自己一点点。就离你想要的幸福更近一点。

这一次，我决定重新拿回生活的主动权

15

〉〉
我亲爱的女孩，
请务必把自己放在主体位置，
不要再纠结于我应该成为什么样子，
而是尊重自己的每一种样子。

当你意识到"自我"存在的那一刻，你的人生将从此变得不同。

如果你问我，更喜欢 18 岁的自己，还是即将 30 岁的自己？我会毫不犹豫地回答，喜欢现在的自己。

更年轻时的那种勇敢、炙热、纯真、情感浓度很高的爱和永不止歇的好奇心，固然可贵，可在岁月的裂缝中我窥见"另一个自己"，她或许没看起来那么生机勃勃，却更有韧劲；她有怯懦的一面，有大家都有的小毛病，却因此更能体谅万物，变得包容平和，待人待己，修炼出一颗慈悲心。

一个人就是一部宇宙史，经过自我混沌的"诸神乱战"，我才看清楚那个真实的自己长什么样子。

她在笑，有种淡淡的遗憾，却始终活得灿烂。

用日本设计师山本耀司的话来讲就是，"自己"这个东西是看不见的，非得撞上一些别的什么，反弹回来，才会了解自己。

马上到 30 岁这一年，我才开始真正关注自己，说觉醒这个词太书面了。

用大白话来说，就是学会了照镜子。不加任何滤镜地看世界、看周遭、看自己，我发现这个观察的视角很有趣，之前也讲"女性成长"，但没这么具体，就像是轻轻敲敲门，就溜走了。

"女人不是天生的，而是后天被塑造的。"女性主义作家波伏娃的这句话我们听了太多遍，却很少真正回馈到现实中来，为女性主义做点什么。女性除生理性别之外，很大程度上是被更多社会文化塑造出来的。

在波伏娃看来，我们的存在没有固定的本质，因为我们总是处于变化之中，今天的我们和昨天的我们已然不同。

我们对自我的错误认知，才会叫我们停滞不前。

"存在先于本质"，也意味着我们首先要意识到自我的存在，去感受、去流动、去经历，然后再倾尽一生来缔造自我，也就是那个所谓的本质。

在我们从小到大周遭的文化语境里，男孩从小被鼓励成为一个有用、有能力的人，被肯定和赞赏那些尚未成型的勇气，教育资源的倾斜和舆论导向都更多激励着男孩们去追求心中理想；而女孩则被教育要乖顺、听话、可爱，似乎"成为自己"这件事远远没有"被他人认可"来得重要，于是女孩们常在自我意愿与社会的期望之间不断摇摆，这种矛盾，只有身为女性的我们才能体会到。

我希望更多女孩意识到自己的绝对主体性，在你的"人生剧本"里，你才是主角，你的每一个决定、每一次感受、每一份思考，都是推动剧情关键的力量，你的故事由你执笔，你的经历无可替代，通过深刻的自我赋权，你将培养出一种更强大的内在力量。

千百年来，古今中外的童话故事都是一种浪漫的荒诞，《灰姑娘》《睡美人》传授给女孩关于爱的第一堂课，是可笑的"被拯救的姿态"，而中国的田螺姑娘之类的传说，则烘托出男权社会对一个贤妻良母的期待，就连嫦娥奔月这经典的神话故事，"嫦娥"在诸多版本中也常被描绘成一个自私自利的女性形象。

我并不是要批判某个时代的局限性，而是作为女性的我们，可以重新生长出新的视角，学会要把自己放在第一顺位，把自己的感受、想法和价值观置顶。

作为普通女孩的我们，可以认识到：生而为人，我们是自由的，可以"恋爱脑"，可以走弯路，可以做许多错误的决定，这些没什么大不了，都是为了让你"撞上一些什么"，而后看清真实的自己，到底想过什么样的人生。

))

"慕强"的人终将成为强者。

许多女孩都幻想过自己的白马王子。小时候的我对于爱情的憧憬，不外乎也是《大话西游》中紫霞仙子说的那段话，那人踏着七彩祥云来娶我。

现在想来，比起被保护，我更想成为的是那个不屈不挠、代表绝对自由敢于向命运抗争的齐天大圣。

我的好朋友十元，明眸皓齿，身形高挑，长了一双桃花眼。每每上街都能引起许多人的侧目。

我认识她的时候，她刚大学毕业，同当时的初恋男友一起来到北京，两个人好不恩爱，走到哪都像连体婴儿，当时还在出版社做营销编辑的十元比起在互联网大厂上班的男朋友而言，工作相对轻松一点，十元喜欢的生活是浪漫约会，而男生只觉得生活疲惫，他们在琐碎的生活和不同的成长轨迹中越走越远。

分手前，男孩对女孩说："你太黏人了，让我觉得没有空间。"

十元听了眼泪啪嗒啪嗒掉。

她来找我的时候，一度陷入自我怀疑，觉得是不是自己做得不够好。

20岁出头的她说："我只是想和喜欢的人多待在一起，有错吗？"

十元哭起来像一只漂亮的布偶猫。

后面这些年，追十元的人很多，从颇有阅历的创业家到少年感十足的"年下弟弟"，从媒体行业的青年才俊到许久不见的老同学，还有旅行途中的旖旎心动，有过一些火花的瞬间，每次听她讲，都能听到一个个精彩的故事。

但也仅仅……停留在故事和体验这个阶段。

我能明显感觉到她的变化，不是不相信爱情了，只是怎么说呢，渐渐大家都意识到爱情不再是现代女性的全部了。当十元换工作到美妆电商行业后，每个月忙着带博主出差，哪里还有功夫出去约会。随着你的世界越来越宽阔，你的注意力不会只在一个人的身上了。

上次见面，还是她百忙之中来我的线下分享会，熙熙攘攘的街道退去人潮，我俩站在马路边眉飞色舞分享着近期八卦。

她捋了捋头发，突然侧目看着我说："嘿，晓雨，我回想起自己20岁的时候失恋，好可爱哦，那个时候竟然希望和对方时时刻刻黏在一起，恨不得他的世界里只有我。"

"那现在呢？"

"现在嘛，我忙得不得了，忙着搞钱，忙着升职，爱情更多是享受啦，不会再那么刻意地追逐"，十元笑得明媚。

聊到这些年对爱情的看法，她很坦诚地说，在很长一段时间，她想找一个更优秀、更厉害，在世俗中取得一定成就的男性，"说我慕强也好，说我现实也好，我的确很喜欢仰望别人。"后面和生活交手多了，十元惊讶地发现，原来那时她喜欢的不是那个人，而是对方身上的一些发光的特质，那些特质和爱情搅和在一起的时候，就变成了一种投射，有点像父母希望自己的孩子优秀。

与其把对自我的期待寄托在他人身上，为什么不自己努一把力呢。

"我不能只是仰望，我要成为那个发光的人本身。"专注搞事业的这几年十元整个人的气场都更昂然了，我忍不住感慨，这就是慕强的人，终将成为强者本身吧。

很多女性想通过爱情"成为自己"，企图通过爱情这种形式，太苍白了。

这也是许多女性为什么沉溺于廉价的爱情中的原因之一，本质上，是逃避自我成长，以为能通过恋爱和婚姻来实现自我价值，事实上，这样不纯粹的期待，既是对自我的放逐，也是对爱的亵渎。

爱情的前提应该是两个人都具备健全的人格，不是顺从，不是拼图，而是一个灵魂读懂另一个灵魂的过程。

现在的十元，仍旧期待爱情，但不会再幼稚地抱着要找一个"符合她全部期待的人"从天而降了。她会真正投入生活中去，在顺其自然的路上，相信会遇到同频的那个人。

真正的爱，只有在基于我们各自作为"人生主角"时才会邂逅。

不是24小时掠夺对方的注意力，不是像藤蔓一样依附缠绕，是一种更深度的关联和自我关照，我们并不需要另一个人来完满自己,相反,如果你想真正和"强者"在一起,那么,先让自己变得强大起来。

两个势均力敌的人过招,才有意思嘛。

))

一个人,只有掌握自己生活的主动权,才能踏上"幸福之旅"。

满大街广告吹捧着"买它!就是好好爱自己",短视频爽剧充斥着"一刀切的复仇爽文"迎合女性市场,而社交媒体上大家不断转发着"用100天破茧成蝶的女性成长课程",到底什么才是自己需要的,在无数个障眼法中,不要被带偏,去关注自己的内心需求。

这就需要我们更有意识地去阅读和思考。

我们不制定规则,也不给予结果,但希望让大家看到更多新的起点。

你永远是有选择的。

当然,无论是年轻人向往的"大女主"逆袭剧本,还是女性主义中强调不可让步的主体性,都在强调,看见自己。

学会接受自己的全部样子,拥抱高光也允许狼狈,不要过分苛求完美，而是珍惜并爱护眼前这个独一无二的自己。

回到生活中，分享普通女孩提升自己"主体性"的五个小方法。

一是学习一项新技能。永远不要停下学习的脚步，如果你现在正处于迷茫期不知所措，可以去提升一下自己的技能，无论是专业知识还是兴趣爱好。比如写作、插画、舞蹈……这不仅能增强你的自信心，还能拓宽你的视角，在平淡的生活中找到一把通往新世界的钥匙。

二是培养决策能力。这点在我们的成长中实在太缺乏了，小时候我们依赖父母做决定，长大后又习惯把"做重大决定"的权利让渡给丈夫和孩子，这样你的人生轨迹的导航，总不在自己手里，怎么能驶向你的心之所向呢。

所以，亲爱的朋友们，你下次面对选择时，不要焦虑，不要慌乱，把它当作上天给你的一次练习，大胆地根据自己的价值观和目标做出最适合自己的决定。也许会有惊喜哦。

三是学会识别情绪。"大女主"不是刀枪不入，而是总能找到与之和解的方式。

当下的社会现状中，大家的压力都太大了，学会找到适合自己的调节方法，比如冥想、运动、阅读等，都有助于缓解压力和负面情绪。允许任何一种情绪的发生，观察它，而不是压抑它。

四是建立自己的支持系统。拿我自己来说，我是如何从拧巴到自我认同感变高的呢？

那就是去构建一个足够安全的小世界。这里有无条件支持我的妈妈，身边三五好友，能在对方面前完全做自己的那种，还有书籍、猫咪，再有一间属于自己的房间，足够了。

这个世界外发生的任何事都和我没关系。

尽管我每天都在接触大量的人，游走在不同场合，但对我来说内心的篱笆坚不可破。我不再感觉渺小、被束缚和失控，整个人都很舒展。

在这个小世界里，就算我什么都不是，她们也爱我。而在更大的世界里，就算没有任何人爱我，我从中获得的力量，已足够支撑自己好好爱自己。

五是主动勇于尝试新事物。勇敢的本质是一种"忘我"，忘记外部环境、忘记时间，也忘记自己的存在本身对他人的影响，跟着心走的人，就是在具体表达自己的主体性。

不要害怕挑战和失败，勇于尝试一些新鲜事物可以带来新的体验和成长机会，当你自己变丰富，所有的失去就虚化成一种候补，会让你更坚定地走在自我成长的道路上，直至成为自己人生的主角。

真正的自我，从来都不是现成的，是需要一点点被打磨的。

这个过程注定尘土飞扬，正如《山月记》中所说，"我生怕自己本非美玉，故而不敢加以刻苦琢磨，却又半信自己是块美玉，故又不肯庸庸碌碌，与瓦砾为伍。"而今，我深觉是不是非要成为一块美玉，并非生命的最终目的，打磨的这个过程才是真正值得体验的"成人"之路。

))

  自我是在一切混乱中走向清明的。
  生活这套卷子，不存在标准答案，因为每一个人都是复杂体，我们由过往的经历、当下的觉察和对未来的构想而组成。
  人是被环境塑造的产物。

  在当下的生存空间里，我们不得不承认，历史上的女性曾长期处于被压迫和边缘化的地位，这些长久以来的文化驯服，使得我们光是"喊口号做自己"并没有实际的意义，大家要意识到，女性主体性的实现不仅是一个人的事情，也不仅仅是女性本身的事情，这是整个社会都在关注的课题。
  如何维持健康的恋爱？如何保持个人的独立又享受亲密关系？一辈子不结婚可以吗？
  你要在合适的年龄结婚、生孩子，不然就是不完整的，为什么只有女人会被说成不完整的人？

你要不工作就是不独立,你要不顾家庭就是自私,全职主妇如何获得家庭和社会的尊重与关爱?

为什么"如何平衡家庭与事业"这个话题总抛给女性?

女性在职场中面临的性别歧视和婚育问题,有没有更好的解法?

我们总能听到"女孩应该怎样",要美、要谦逊、要贤惠、要有自己的爱好、要经济独立,还应该做个情绪稳定的妈妈,这么多条条框框加筑在女性身上,谈何"做自己"?

在真实的世界中,培养女性的主体性变成了一个复杂而长期的过程,需要教育、社会、文化及个人等多方面共同努力,我们才能真正夺回生活的主动权。

普通女孩能做的,就是从此刻起,坚定不移地、勇敢地站在人生舞台中央,将自我置于最优先的位置,这并非自私,而是真正尊重自己的体现。

这一次,不要别人怎么看,只要"我喜欢"。

这一次,没有什么应该成为的样子,只有"我想成为的样子"。

这一次,我撕掉所有外界给我的标签,发自内心去爱自己的每一面。

终有一天,我们会发现,当你真正地将自己放在首位,世界会以更加温柔和丰富的姿态回应你。

我们这一生只有一件事情，为自己而活。

爱自己，不是给自己买支口红，买个包包，而是允许自己不活在他人和社会的期待里，尊重自己的感受，发自内心珍爱自己。

永远不要放弃自己，这个世界上总有人和我们在共同努力，是巴黎奥运会上缓缓升起的女性雕像，是赛场上用实力突破极限的郑钦文，是身体力行地帮助更多女童说出"我生来就是高山而非溪流"的张桂梅校长，是我们身边那些普通而热烈的朋友，是每一个生活中不曾放弃自己的那个"我"。

这一次，让我们一起，拿回生活的主动权。

不是妻子，不是母亲，不是女儿，我先是我自己。

宇宙万象，
大不过一个
渺小又珍贵的你

16

))

有些人的一生收集名利与财富，
而我只想收集有趣的人和故事。

我有天晚上心情不太好。

和好朋友去了国贸附近一家小酒馆，坐在高高的露台上，看着楼下人来人往，车水马龙的北京，扭动起来像一条带着亮色鳞片的红色巨蟒。

我舔了一口杯中的不知名鸡尾酒，舌尖辛辣，摇摇脑袋和好友道："喝不惯，我的味蕾好像和酒精不在一个频道上，但我的心想要大醉一场。"朋友哈哈大笑，早习惯我这副傻气又矫情的样子。

这是我来北京的第 10 年。

敲下这个数字的时候，仍令我惊异，十年，我的青春都在这儿了。

我想起十年前的自己刚来北京实习，还没有大学毕业的我，路过金光闪闪的 CBD 和三里屯，会好奇生活在这里的人，都是一群什么样的人。肯定是工作能力强的都市白领吧，他们看起来各有风格，衣着精致，眼角眉梢不露怯，想必都在帝都拥有自己的一席之地。虽然年轻的我并不清楚，大街上这些看起来行色匆匆的人们都从事着什么职业，但每个人看起来，都很忙碌，广阔天地间，我们都觉得非我不可。

彼时的我，经常会有和这座城市格格不入的感觉。毕业后来北京工作了，加入了浩浩荡荡的"北漂"队伍，也总没安全感。

总感觉在北京优秀的人太多了，自己渺小如线头，必要时是第一个被剪掉的无用存在。

就在这个初春的夜晚，原本聊到缅怀青春这个话题时，我以为自己会深深失落……可奇怪的是，我突然发现自己再也没有那种自怜感了。

不知道是从什么时候起，不再觉得孤单与虚无，不再对这城市有泾渭分明的成长边界，尽管因工作压力导致近来的状态一般，也没有再放大任何情绪。坐在酒馆的我，穿得随意，点了不好喝的酒就放一边，看到看不懂的英文直接问服务生，回家路上穿过三环的璀璨灯光，隐约看到格子间里那些忙碌的身影更多的是心疼和钦佩。看到奢侈品、豪车和城市的巨幕，不会再觉得这是精英的标志，只觉得平平常常，是这世界构成的一部分而已。

这样的感觉在最近几年尤为明显，我去了更多的城市，交了更多的朋友，看到各色不同或绮丽或寂静的夜色，茫茫人海，倏忽而过，唯有真心，成就自我。

我有自己的归属感。单纯而专注地去经历、去体验，不多分神给外界，在自我成长中一步步构建出自己的小世界。

我是船，亦是岸，既可以停泊，也无惧远航。就像旧时的蒙古包般，我回到了旷野中，成为一名内心更自由的放牧人。

宇宙万物皆是我。身披霓裳，莫负春光。

))

很长一段时间，跟同龄人比，我是一个迷路的小孩儿。

当大家还在学校里按部就班学习时，大二的我，就从学校跑出来实习了；

当同学们毕业后纷纷回到家乡考公务员，我跑到北京来，开启一个人的冒险剧本；

当朋友们在职场一路升级打怪时，我却突然宣布，不玩这个职业游戏了，我大胆裸辞去横店"卧底"写书，开始自由职业。

当我的同龄人们都陆续开始结婚生子，买房定居，我成为身边人的"奇葩案例"，没有遵循大的主流价值，成为稳定的成年人，反而更像一个小孩儿了，到处游玩、四处旅居，脑子里每天装着各种天马行空的创意想法。

我没有觉得什么样的生活方式更好，人人选择不同，我只是遵从自己当下的内心而已。

想起来，在自由的背后，我着实经历了几年焦灼时光。

比焦虑更严重的焦灼。

大概是2017年到2018年，那时是国内互联网创业浪潮，我在工作中接触了大量的青年企业家，和他们相比，我的成长简直不值一提；那也是公众号的黄金时代，我们同一批写作的朋友，有的在图文时代实现了财富自由，开了工作室；有的卖掉了自己小说的影视版权；有的一夜爆红，经常一刷朋友圈不是在北京买了房子，就是环游世界去了……白天是兢兢业业"打工人"、夜里是18线"滞销书作家"的我，感觉生活特别无望。

我是被社交媒体上的毒鸡汤祸害最严重的年轻人之一。

"你的同龄人正在甩掉你。"铺天盖地都是这句话，令人绝望。

尤其是在北京，每天身边都有擦肩而过的"神话"和励志传奇，别怪年轻人定力不强，心态不稳，人本身就是社会性动物，会被环境影响很正常。

在那段时间里我沉迷于扮演一个"特别努力的人"，公司有啥活儿都抢着干，经常加班到12点，周末就带着电脑去咖啡厅，一坐就是一整天，胃里被冰美式搅得咕嘟咕嘟，吃饭也不规律，产出也没有很高质量，但这样做可以让我自己"不焦虑"，可以让我觉得自己没有辜负生命中的每一天。这种不健康的方法只是饮鸩止渴，治标不治本。

))

后来……

你们都知道的，生活被动地按下了暂停键。

我开始拥有了大块的空白时间。

我终于能够安静下来，沉下心，问自己到底想过什么样的人生。

那两年，我很少关注网络热点，不再刻意关注别人的成绩与进步，完完全全投入阅读、写作、生活中去，我创办了自己的晓雨读书会，和一群同频的朋友在线上共读，从毒舌的毛姆到风趣睿智的黑塞，从字字珠玑的张爱玲到与现在相隔百年的独立女性先锋伍尔夫，在一个又一个把人性研究到玲珑剔透的文学作品里，一段又一段锦瑟夹杂着时代灰尘的历史故事里，我看到了自己的来龙去脉。

原来文学没有"腰臀比"，人生这张脸皮，也不存在黄金分割。我们普通人完全可以按照自己的方式生长！

我开始真正向内成长。

现在回头看，我发现彼时的焦虑和不甘心，并非想要真正变得更好——更像一个年轻人的"自证陷阱"，为了证明我不比同龄人差，渴望成为主流社会中"人生赢家"的模板之一，想要被冠以优秀的标签，从而忽略了自己内心最真实的感受。

那个住在我内心的小孩儿，她的人生使命从来不是活成别人眼中优秀的人呀。她更想要实现自己作为一个具体、真实的人的价值，而非活成什么规整的模样。

"有些人的一生收集名利与财富,而我只想收集有趣的人和故事。"

未必需要功成名就、登顶喝彩,最珍贵的东西,我已经拥有了,那就是我的笔、我的心,和此刻正在阅读这本书的你。这些灵魂无比可贵。

永远不要苛责你自己。
不要责怪她走得不够快、做得不够好,因为她和你一样,无比渴望晴空。在这湿漉漉的暗夜里,请你牵起她的手,对她说"别害怕,未来的路我们一起走"。

))

宗萨仁波切说:"你接纳什么,什么就消失;你反对什么,什么就存在。"
我是什么时候与平凡的自我和解的呢?
是当我发现,人与人之间原本就是参差的,不应该被拿来对比。
我们之所以会陷入和同龄人的比较,之所以会责怪自己不够好,之所以会怀疑活着的意义……本质上都是因为我们把事物和人，放在了二元对立的维度。

事实上，要知道每个人的出身、家庭环境、生长节奏和性格，完全不同，一花一世界，一叶一菩提，再接近的两片叶子也有着完全不同的斑驳脉络。

你不需要做出任何改变，你只需要好好活出自己。

年轻时我们羡慕任何人，除了自己；可当你有一天真正触碰到"自我"时，你会发现，这世上没有什么比真实的自己更珍贵的存在了。

去看看自己的心，那里藏着你最美的倒影。我是在日复一日的生活里，不停觉察，不停和自我对话，才弄清楚自己到底想过什么样的人生。

给大家讲个小故事。

我小时候住在姥姥家，离学校很近，直线距离 800 米，可是每天放学以后我都会和小伙伴们结伴而行，走不同的路线，我还常常送不同的同学回家。有些时候，大家为了好玩儿，还会骑自行车绕整个镇子一圈，先到北城，再去南城，最后我总是走各种奇怪的小路穿回城中心，到自己家。

为此家里人时常说我"不靠谱"，但日子久了，也就习惯了。

长大以后我才发现，原来我从童年时期，就喜欢绕远路、走弯路，对别人来说是浪费时间的事情，对我来说恰恰充满迷人的未知性。

我不仅喜欢一路的热闹，更享受把大家送回家以后，我再一个人踢踢踏踏、唱着歌回家的时光。

那种解锁不同路线的成就感，那些和好友们经历过的晨钟暮鼓，那些在路上被我捡拾的怪诞故事，构成了我生命这部主机的"情感密码"，于是长大以后的我，尽管看起来和其他成年人无异，但本质上我还是在遵循内心那个小孩儿的活法，在生活这个巨大的密室逃脱里，不停更换着解法。

这样做的好处是，我永远具备讲故事的能力。因为我不仅是讲故事的人，也活在这个故事里。

一边剥离，一边生发。
一边暴露，一边填充新的血肉。
沿途的尘土飞扬恰恰变成摇滚的前奏。

千帆过尽才有资格谈人生。

前不久在北京做了一场线下分享会，现场有人说："怎么感觉晓雨年纪轻轻，看起来像个小姑娘，开口却特别沉稳。感觉你好像不会受环境的影响呢。"

"而且感觉你特别开心！"角落里一个女孩突然补充道。

我想了想,可能是因为我更自洽了。在我的价值排序里,一切以我为优先。一切以我的感受为优先。

这样说不是教唆大家成为"自私"的人,而是希望我们能够在具体的生活里,减少一些对外界空洞的投射,把爱和注意力更多地放在自己身上。

在过去的很多年里,我们女性太习惯爱别人了,也非常擅长对别人掏心掏肺地好,好像我们与生俱来的善意,总是不断地为周围的人奉献,却常常忽略自己内心的感受。不要忘记,你对待这个世界的方式,就是你希望被对待的方式。

))

宇宙万象,大不过一个渺小又珍贵的你。当你学会以自己为中心,就没什么能破坏你的节奏。

就像那首歌里唱的:"别人说的话,随便听一听。"

分享会当天,我穿了一件花里胡哨的毛衣,扎了两个小麻花辫,还戴了一个碎花头巾。

其实我知道这样的打扮看起来特别不像女作家,甚至有点幼稚,完全和知性没关系。出门路上碰到一个长辈友人,对方很友善地提醒我，建议我换身衣服再去，我很感恩她的建议，但我有我的想法。自己开心更重要。我当天就是很想这样穿搭，在北京玉兰花还没开的季节我就像一朵儿花一样招摇过市，在史家胡同里变成一道亮丽风景。

我是去做写作分享的，又不是高级模特去走时装秀的，所以我并不介意。

如果我总在文章里、在分享会上和别人说"做自己"，转过头却无法按照自己的心意去生活，这样的价值观才是拧巴而错乱的。

忠于自己，是一种朴素而深厚的爱。

我可以放弃任何一段关系，但没有办法放弃好好爱自己。

这个世界很大，总统很忙，公司老板很忙，家人和朋友们也很忙，就算是我们最亲近的人也无法做到时时刻刻注意我们的感受。

可你内心的小孩儿，她只有你啊。所以我必须好好爱她，就像赖以生存的空气，她朝朝暮暮与我相对，互相羁绊，照顾好她是我一生的使命感。

好好爱自己，从来不是一句口号，而是每天切实的行动：每天清晨，第一缕阳光落下时，和她欢快地打个招呼；每一个熬夜刷短视频的夜里，你帮她关掉吵闹的屏幕；当她被外界欺负时，你要站出来为她撑腰；在她产生自我怀疑时，你要坚定不移告诉她"你很好"，定期给她充电；当她的人生进入低谷期，全世界都飞速往前,她依旧留在原地翻找钥匙包时,你可以选择陪她一起,等下一趟"梦想公交"。

人生很长,你最重要。

爱自己就是认真平视自己,不高估,不贬低,不做让自己变形的动作。允许自己偶尔的摇摆和荒唐,但不会随便调转方向。

从小我就梦想成为一个侠女,执剑走天涯,长大后没成为进退自如天资聪颖的黄蓉,也不似充满灵气的郭襄,可能只是峨眉山下的一个小村姑,那也无妨呀。明暗有时,晦涩有时,光亮有时,人生这本书,少任何一页,都不够完整。

呐!我不会祝你一帆风顺,我只愿你在潮汐之间,仍有看月亮的权利。

大雨滂沱时，
你瞧那人在雨中散步

17

))

我所理解的松弛，
并不是"不在意"，
而是打破"执念"，
当我用尽全力后发现即便做不到，
我也无怨无悔了。
所以我这个人，
没那么多不甘心。

2015年，宋庄还不似如今这样繁华。

我第一次来这边的时候，是去采访业内知名的书法家，走到他的工作室附近，我非常惊讶，附近的道路不平整、坑坑洼洼，路边的公厕味道直往鼻子里钻，怎么会有"大咖"住在这样的村子里呢。初出社会的我，以为厉害的大人物都是住豪华大别墅呢。

那个下午，我们在他家兼工作室的屋子里沉浸式畅聊许久，那个时候的他已经在业内小有名气，一幅书法作品可以被拍卖到7位数，从"乡下来的穷小子"到受媒体追捧的艺术家，他自己倒是笑得坦然，"不过虚名罢了"。

我问他有没有经历过不被理解、不被认可的时候。

"这样的时刻，多了去了，可以说在你做出成绩之前，耳边听到99%的声音都在告诉你，算了吧，就凭你也想成为艺术家？"坐在对面的伍爷自嘲道。

他从辞职后拖家带口搬到宋庄，到真正有了一定的作品和知名度，差不多过了八年。再早一些的宋庄，才不是什么艺术朝圣殿堂。仅仅是因地处通州，远离市区，交通不便，村子里的房租和开销性价比不错。

这里聚拢了一大批年轻的画家、书法家、雕塑家们——那个时候还没有这个"××家"的后缀，而是一个个具体鲜活的人，在时代缝隙中，挣扎着成为自己。

真正给他们蒙上一层光的滤镜的,不是来自外界,而是自身的生命艺术呈现。

不带有强烈自我意识的创造都叫山寨。

有一个阶段,伍爷的压力很大。已经结婚生子的他,除了要面对创造上的灵感瓶颈和商业探索的现实问题,还要考虑到家人的感受,彼时,他没稳定的收入,他的书法虽会参加一些策展,但真正为之"买单"的人并不多。有一次他为了筹备策展甚至卖掉了自己心爱的藏品、摩托车,把当时家里的大半存款都拿去了,结果整个巡回策展下来,收益并不好。

来自周遭的社会舆论压力,一度让他沮丧,怀疑自己是不是选错了路。

他甚至都打算关掉工作室去找个工作了。

大半年的时间,他浑浑噩噩,不去创作也不见人,经常把自己关在"小黑屋"里……直到有天他收到一个包裹,里面是他"出道"时的书法珍藏版和一封信,写信的人是他的一个客户,对方在信里告诉他,不必着急,慢慢来。还贴心地说需要帮助的话可以找他。

再看看自己身边一直无条件支持他的爱人,他意识到自己不能再这样下去了。

失败没关系,沉浸在失败中无法再进一步,才是彻底的下坠。

伍爷振作了起来,全情投入创作中去,之后的几年里,虽然商业上没有质的突破,但随着作品的积累、策展工作的推进,渐渐有行业内嗅觉敏锐的合作方找到了他,一点一点地,他在这个圈子里有了口碑和名气。

这个故事一点都不励志,一点都没有什么"逆袭"。完全是稳扎稳打过来的。

我问他:"有没有什么被我们忽略的地方,其实是支撑你走到今天活出一番新天地的秘密?"

他想了想说:"有,有两个公开的秘密。"

一个是信仰。

这个信仰不是鬼神,不是宗教,而是自己。只有你对自我保持高度认同,才有可能在"内卷"的今天,杀出一条血路来。

另一个就是不执着。现代人追求的哪是拥有?那叫占有。很多人走艺术这条路,未必是真爱,很多时候只是想占有大众的注意力,占有自己在商业上的一席之地,而对他来说,他并不想占有任何,只是想表达、记录,和这个世界聊聊天而已。

他的话字字珠玑,时隔多年仍然给予我一面明镜。

作为内容创作者,我希望自己永远保持初心,不被外界所裹挟。如果我们太依赖于"当下流行什么就写什么",是一件很危险的事,这样的作品,永远只会是一种阶段性参与,我希望我的文字是可以经得起时间推敲的。太执着于名利和财富,会使人分心,影响我"拔剑"的速度,这样的人生也不是我想要的。

用天真的方式去面对生活严肃的问题。
所谓定力,就是在波澜中,慢慢找到属于自己的节奏。

))

我们所追求的松弛感,不只是一种所谓的慢生活,而是一种穿透力,一种舒缓的、认真对待自己人生的态度,能够面对世事无常的勇气和承担。
心是松软的,行动是有力量的。

我很喜欢的几位诗人——王维、阮籍、李商隐,都有类似的性格。但在提到"松弛感"这个话题的时候,我大脑里浮现出的第一个历史人物竟然是:苏东坡。
才华与灵魂兼具,他这一生过得有滋有味却并不执着。

余光中说,如果要他来选择一个人结伴旅行,不选李白,他太自负和散漫，也不选杜甫，成天苦兮兮的，一定要选有趣又好玩，还幽默感十足的苏东坡。

按世俗的眼光看，苏东坡这一生都是在"苦中作乐"，尽管拥有卓越的才华，名重九州，却屡遭贬谪，时常被职场中的奸佞小人所害。他的旅行史，完全就是一部被贬史。

但你瞧，纵然他遭受不公，却极少抱怨，更从未对这个世界怀恨在心。

他的豁达、开阔、自由舒卷，更是被后世敬仰和喜爱。

放在今天，苏东坡应该会是年轻人喜欢的"顶流"偶像，因为任由风浪滔天，所遇歧路重重，这个人一生都是光明磊落的，他的正直，不仅仅体现在官场和人际关系里，更是对这世间万物的垂爱与钟情。

他的内心足够丰富，这一生又实实在在真切地经历了大起大落，所以他的任性逍遥，随缘放旷，并非跟着命运随波逐流，而是一种真正意义上的看破。

))

只有全力以赴过的人，才有资格谈"佛系"。

有时我看到社交媒体上到处宣扬的松弛感，会不免有些担忧，松弛感就是随时随地敢"裸辞"吗？松弛感就是不在意别人的感受，没有同理心吗？松弛感就是配上一壶清茶、一把折扇、一袭白衣，站在大理洱海边或"有风的小院"里得闲过日吗？并不是。

去掉一切标签，回归到本真，松弛并不意味着松懈，只是我们的心不再执着于要一个答案。但，你的身体、你的行动、你的日常，还是该干吗就干吗。

这两年我经常去旅居的城市就是成都。

这是一座被所有人誉为"松弛感十足"的城市，男女老少，都对生活得心应手的样子。去玉林路走走，能看到坐在菜市场门口打麻将的阿姨，过了饭点路边随处都能支起摊子的餐厅比比皆是，二次元 cosplay（角色扮演）和身穿汉服走在春熙路上，成都人民都习以为常了，这是一座足够包容和开阔的城市。

它的松弛恰恰也是因为过尽千帆，从古至今，天府人民经历了大大小小的天灾，历史的积淀锤炼出他们活在当下的生活方式。

因为敬畏，所以接纳无常。因为清醒，所以嬉笑而过。

这是一种对生命的臣服。

如果有一天你来四川，还可以去都江堰看看，我无法形容我第一次站在那里的感受，那种壮美，那种从两千多年前奔腾而来的使命感，我们的祖先，我们的父辈们，用他们的方式一直守护着华夏大地——直到今日,我们在人文哲学领域的探讨和对现代文明的敬仰,全部基于先人不停地探路。

我们今天所有的便利,都不是因为某个人的智慧,而是一代又一代人的传承与创新。全人类的松弛,都建立在我们对宇宙的不断探索上。何况是一个人。

在浩浩荡荡的大自然里没有"时间"的概念。

星辰不在乎,大海也无所谓。一朵花、一阵风、一团云朵,都不着急。太阳那么忙都还是要下山休息的。好像只有我们随时担忧自己要被超越、被淘汰。一不小心就辜负了此刻。

常常有人问我如何过上理想的人生。

我的答案就是:用我舒服的方式去对待每一天。不勉强,不执着,不跟无谓的人事较劲。

我坐在宋庄的一家咖啡馆写书,想到十年前来这边做采访,那时,小小的自己不懂,生命的繁华不在高楼大厦,恰恰是在这寻常巷陌里藏着的属于凡人的想象力,凡人之菜,凡人之爱,凡人之慷慨。

这些才是我终其一生所渴求的存在。

恰巧,好友发来信息问我:"晓雨,你说人到底想要什么呢,你想过什么样的生活呢?"

我回答道:"我想要毫无后顾之忧地虚度光阴。"

我不是一个物欲很强或者非要干出一番大事业的人,我最理想的生活状态,就是可以去感受生活。

我最大的野心,就是用心活着。

某种程度上,我觉得我已经实现我的理想了。因为此刻我正在树荫下、晒太阳、写字,和喜欢的人聊天。

大雨滂沱时,你瞧,那人在雨中散步。

内耗，
是一场和自我想象的战争

18

))
情绪只是一件衣服，
那些混沌的不安的能量只是外套而已，
人在感受到变冷的时候，它就会长出来，
内心感到温暖了，就又自动脱掉了。

最近我发现自己陷入了"内耗"。

时常感觉自己的文字很平庸,不知如何突破舒适区,整个人生活得迷迷糊糊的。

在喜欢的咖啡馆写作,发现洗手间的门总是拧不上,怎么用力都拽不上,后来发现是因为我太过于用力,弄错了卡扣的位置;我尝试学着在家自己做饭吃,照着教程来,没多久自以为掌握了一道菜的要领,漫不经心边刷视频边做饭,结果就翻了车;拍摄了很久的短视频,完美主义作祟,一直都不敢往外发,和自媒体博主们对比觉得自己拍的都是垃圾……类似的事情层出不穷。

我很沮丧,怎么感觉自己做什么都做不好呢,随后陷入反复的自我苛责。而且我发现内耗会让人上瘾。

在与情绪拉扯的阶段,人又仿佛可以心安理得地偷懒。不去进步,不去改变,不去修缮。

打着内耗的名义把自己关在"小黑屋"里,不与外界产生任何关联,这样的状态又何尝不是一种自以为是的傲慢?

我们凭什么觉得,自己的"内在小孩"就没有能力去直面这些课题呢?

读到托尔金在奇幻小说《胡林的儿女》里写的一段话,他说:"一个人如果刻意逃避他所惧怕的东西,到头来会发现自己只是抄了条近路去见它。"恍惚间，明白了自己为什么总是陷入拧巴的处境，反复内耗，并非因为我们没有能力解决它，恰恰相反，是因为你有能力解决它，它才会出现在你的人生剧本里。

当我开始静下心来感受，发现成长的秘诀都藏在生活细节里。

盲目努力不如精准发力，就像那扇我怎么都关不上的门，越使劲儿越适得其反，平静下来，就找到了关卡；持续而专注的好习惯，才能提升生活幸福感，不是我心血来潮照着小红书学几招美食攻略，就代表着我掌握了精妙的厨艺；任何新的尝试都是从0到1，还没有开始就给自己泼冷水，这样的想法，去做任何事都很难出成绩，那些博主们也不是第一天拍视频就有正反馈的。

内耗，就是一场和自我想象的战争。

我们害怕的从来都不是外界的声音，而是自己，我们不停在与自己的想象做斗争、谈判和协商，一味沉浸在自我角力中，是无解的。

我们幻想出的许多个怪物，不过都是焦虑的皮影戏罢了。只要你关掉灯，静下心，就都消失了。觉察，就是改变的第一步。

要内省，但不能内耗。

表达本身不是为了"展现更好的自己"，而是还原自己本来的样子。

))

仔细想了一下"内耗"这个词也是近些年才有的,甚至,等我这本书出版的时候,也许这个词都会变得老气、过时。

现下流行出更多应对内耗的方法,比如年轻人的"发疯文学",比如越来越多的人开始呼吁给自己"松绑",与其内耗自己,不如外耗别人。

我始终觉得情绪只是我们心灵的一层外衣。

尤其是现代人积压得越来越厚的那些负面因子,可能早就变成过季外套,我们试图拥抱自己,却反向被自己束缚。这个世界上很多事,并不是拥有的越多越好,起码情绪不是。

情绪越多,越会干扰,让我们的生活感觉压抑、杂乱、密不透风。

武志红老师提出了一个概念,叫意志成本。

大意是指我们普通人每做一件事、做任何一次决策,都要使用一次意志,而受"全能自恋"的支配,我们的潜意识通常会觉得发起意志的求救信号是一件成本极高的事,于是会更倾向于沉溺在眼前的情绪困境。

这种感觉就好像,明明是你的"本体"在驾驶车辆,但被系统夺权，变成了无意识的自动导航模式。因为我们总是懒得自己动手，于是渐渐失去对方向的感知。

情绪也是一种"决策成本"。不是没有情绪，而是不会让情绪影响自己的决策。

一个人步入社会后，最稀缺也是唯一可控的东西，就是自己的注意力。

如果你总把注意力放在"别人怎么看""这件事能不能成""万一亏了怎么办"这些上，在正式做事前就已经浪费掉大部分心气儿。

所谓魄力，并不单指勇气，而是一种在行动中的速度。

她常说的一句话是：想干就干，干了再说。

就算没有达到预期结果，也会收获这一路独特的成长经验。

你的决策成本越低，越能储蓄能量倾注在每一件具体的事情上；决策成本越高，越助长虚无缥缈的"风险成本"，那种对自己自信的磨损是很可怕的。

真正厉害的人是不怕打脸的。

大胆一点。

更何况，事实上也没人注意你。

人的注意力是最珍贵的。你的眼睛注视在哪儿，时间花在哪儿，哪里就会开花。

当你每天全情投入做事情的过程里，朝气蓬勃的你，大概率会获得一片灿烂的向日葵；当你享受在短暂而刺激的消费型娱乐里，会为大脑波动出的昙花而惊艳，同样会为那种转瞬即逝的快乐而感到虚无；当你生长在一片荒漠里，没有原生家庭的支持、没有天生优渥的资源这些外部条件的滋养，只能选择慢慢蛰伏，在时间的淬炼下，仙人掌也能开出花朵来。

而当你完全放任自己待在情绪的阴郁地带，不再主动汲取任何的营养，也没有任何"自救"行为时，结局可能是一阵风吹来，就倒下。

想摆脱内耗，有效的方式就是直接行动。

将你的注意力集中在自己身上，感到焦虑时去做事，不要过度思考，比起思考人生的意义是什么，更重要的是先把手头的事踏踏实实做好。

))

我们经常会产生"内耗"的另一个原因，就是太把别人放在心上。以至于外界的一点风吹草动都会影响心情。

我很喜欢的一个博主曾说:"工作要有渣男心态,不是说要你做一个坏人,是你要保持自己的可能性。你的预期如果是全世界都爱我,你就会永远难过,只需把它调整为,喜欢我的人能够了解我是什么样的人,就够了。"

我之前就容易陷入这种情绪陷阱。

我有做自己的知识付费课程和线下活动,之前有一个读者每次都来问我有哪些可以免费参加的活动,出于想要帮助更多人,也照顾到一些经济条件有限的朋友,我都会尽可能地给予适当的帮助。

可后来她开始向我索取更多的东西,我出书,她发消息给我"送一本给我呗",我发布课程的信息,她留言"能不能免费拉我进群",我在北京举办公益读书会,她想来,还问我送不送好喝的下午茶,我终于意识到,这个人并不是真的渴望成长,她也不关注自我提升,她只是习惯性占便宜。

没有边界的心软,只会让对方得寸进尺。

现在的我,会有更清晰的产品海报,也学着为自己设定明确的界限,精准表达自己的需求。

知你心者谓你心忧,不知你者谓你何求。

20岁的我喜欢那种热闹的、同仇敌忾的、紧密簇拥的乌托邦式生活，马上步入而立之年的我，现在会更喜欢保持淡淡的距离，更喜欢和自己相处，面对一些让我不舒服的"朋友"也会选择悄悄远离。

一定要学会自我尊重。

"我自己舒服"永远要比"让别人高兴"，来得更重要。现在的我会更注意设定边界感，所有不尊重我的人，我不会再给第二次机会，坚定、迅速、果决地远离那些不断消耗你能量、让你怀疑自我的人。

你不可能满足所有人的期待，也没必要。

))

你必须挣脱那些你引以为傲最珍贵的东西，比如泛滥的同情心。

你必须放弃那些你长久以来携带的假性理想主义，比如想拯救所有人。

不要惧怕失去一些不适的关系，定期做"人际关系"的断舍离，选择那些对自己真正重要的人和事去投入时间和精力，你会活得更快乐。

小时候的生长环境比较传统，只知道大人教导我"要懂事""要听话"，再加上自己是单亲家庭的缘故，家里到处流露出一种无端的怯懦感，会强调多一事不如少一事，尽量让着别人，尽量多付出，导致在漫长的成长过程当中，我总是不敢表达自己的需求，遇到事情一味忍让。

从前的我一直都是一个演员，在表演如何让别人开心。

从小到大我得到最多的评价是：性格好、可爱、热心肠。某个阶段拥有很热闹的社交圈，看起来有很多朋友。在公司里大家都来找我帮忙，嘴上说着"亲爱的就拜托你啦"。谈恋爱的时候生怕让对方看到自己的缺点，像麦瑟尔夫人一样每天都紧绷着，追求精致与浪漫。

这样的我并没有获得真正的快乐。

渐渐地，我发现，那些所谓的"好朋友"仅仅是因为我更易被拿捏；而那些夸赞你的同事，看重的仅仅是你的价值，一旦脱离职场情境就没有什么共同语言；恋爱中的刻意展示，恰恰证明了自己的不自信，当你没有办法很好地做自己的时候，吸引来的人往往并非真的了解你，也很难爱上真正的你。

我不再追求被很多人喜欢，而是开始关心起自己的"情绪舒适度"，我到了一个不惯着自己也不惯着别人的新阶段。像爱别人一样爱自己，像放过别人一样放过自己，同理，感觉到所有的不真诚、不尊重、隐形攻击，我都会远离。

以前总想当老好人，现在更想好好爱自己。

真正的高情商，不是漂亮的逞强，而是可以接纳自己的缺点和不完美，可以看到自己的不足，仍旧不卑不亢，昂首直面生活。

))

能伤害你的人，从来只有你自己。

学会关注"自我觉察"，当一个念头浮现出来的时候，先不要去思考它、评判它，避免做任何心理标记。你要做的是感受，全面感受它。可以试着把你的想法写下来，以日记的形式，让文字先流淌，把那个"内心小孩"解放出来。

学会利用并穿越你的消极心态。

只要不抗拒自己，负面情绪就会慢慢消散，你意识的质量、做事情的效率、创造的价值都将得到大大地提高。

现在的我，会把自己看成是一个透明的容器，而非一个固体的肉身，不强求，不持有，允许一切情绪、评价、外界的声音经过，但不会囤积在我心里。

如果我感到不开心和沮丧，在觉察后，我会像检修机器一样，仔细感受我的生活哪里出了问题，去解决就好，无需过分焦虑。

同时我相信所有情境都是正向的。能量本质不分正负，生活就是生活的样子，而当你完全经历并接受当下，你的生活也不会再有好和坏了。

人的状态本身就像我们的衣橱一样，是彩色的，是多种选择的，是可以在不同场合下穿不同衣服的，允许自己的脆弱和期待自己的高光同样重要。

我们的主线任务从来不是创造一个"更好的自己"，而是从当下的思维形式中解放出来，了解成为自己有哪些方式，解题过程比答案更迷人。

))

我们每个人的身体里都住着一个"小孩儿"。

我们经常去做一件事之前，你会计算、会推理，会告诉你这样做的风险，容易打消你的积极性，制造自我怀疑；而内心里的那个小孩儿，她跃跃欲试，充满热情。

你夹杂其中，左右为难，所以会走三步退两步。内心那个小孩儿，就反反复复被门框挤压。

事实上，我们更应该多听从自己内心的声音，喜欢与不喜欢，适合与否，要先去尝试，让心去判断，而不是只让大脑去判断。

大脑常基于过去的经验盖棺论定，思想本身没有错，设定目标本身也没错，错误的是你将它看成是你生命本体的感受。继而花费大量时间精力在"对抗自己"这件事上，耽误成长。

我是在写作的过程里重新把养了自己一遍。

那些无处安放的灵感，随处捕捉到的敏感情绪，因为我在生活中极度共情，会在不经意间背负他人的情感和选择，如果不把这些释放出去，容易陷入情感内耗。

通过写作，不仅能消化，还可以吸收其精华作为选题——而且在这个过程里，你认识到的情绪越多，经过分辨、消化、吸收后，会渐渐生长出自己的一个"核"，当你内心有了一个稳定的"核"之后，外界的声音就很难影响到你。

终有一天，你不必向任何人证明，你可以完全按照自己的心意去生活。

我不是很自律，但我很真实。我不需要更完美，但我不会停止生长。比起那么多厉害的大人，我只想做鲜活的自己。

人与人的成长路径不同，没有快慢之分，只是花期不同。

此刻的我开始认真对待自己每一次的表达；不再盲目用力，而是学会多几个视角和世界打交道；我不再因为熟悉某件事物而轻慢于它，不再因为是自己擅长的领域就偷懒；我用视频记录一些所思所感，不是为了满足他人的期待，仅仅是因为我喜欢、我想干，这个过程已经让我获得了幸福感。

　　关掉社会的评价体系，好好专注自己吧。

　　亲爱的朋友，下次见面，愿我们都活得更舒展一点。

那些自由职业的人，
现在过得怎么样

19

))

没有什么工作是一辈子的，
但"做自己"是一辈子的。
自由职业，
何尝不是另一种"铁饭碗"。

当我们讨论"追求自我"的时候，首先要看到自我。

上班、恋爱、交友、写作，一切的一切，都是和自我对话的过程，都是和万物对话的过程，我是在离开职场以后，才真正学会观察自己的，所谓"自我"并非一个可构建的固化存在。

自我是流动的，只有意识到这点的人，才能与之真实触碰。

成为自由职业，于我，不是跟风，也不是拥抱什么旷野的风，而是一场大型的生活实验。

我需要将自己置身于时间的水平面，让"想象中的我"和"行动中的我"面对面平等交谈，我才知道到底哪部分的我，对我来说占比更大；或者说，我需要让这两个"我"合一，在茫茫一生中用笨拙的写字和行走去回答"我是谁"，这个过程，注定孤苦。

我相信这里藏着生活的答案。

我会在一个人的行走中，渐渐分辨出来，真正让我快乐的是什么，也会仔细感受挣扎在现实缝隙中，被割舍的天真、剥离掉的憧憬，始终不罢休的澎湃向往。

超越妥协的那一部分，就会成为自我。

))

我自由职业的第四年，过着"只工作，不上班"的生活。

现在聊到这个话题我都会变谨慎。我不是在鼓励年轻人裸辞或跳出不必要的舒适区，事实上，我只是想分享自己的经验和觉察，作为一个参考而已。

不久前，有女孩私信我，说在高压的工作下，很想知道有没有更好的出路？

她的提问和求助非常直接具体，很想知道有没有什么更靠谱的赚钱门路，最好是可以给她介绍靠谱的品牌、客户，或者渴望被传授一技之长，譬如写作、短视频拍摄，而自媒体账号快速涨粉能带她逃离眼前压抑的氛围。

我知道当下大家都很难，但在这里，想分享一个小故事，是我个人非常喜欢的《庄子》中的一个典故。南海之帝为倏，北海之帝为忽，中央之帝为浑沌。倏与忽时相与遇于浑沌之地，浑沌待之甚善。倏与忽谋报浑沌之德，曰："人皆有七窍以视听食息，此独无有，尝试凿之。"日凿一窍，七日而浑沌死。

这个寓言故事收录在《庄子》内篇的最后一个章节，主人公有三位，分别是倏、忽，以及浑沌，前两个人经常去找浑沌玩，浑沌天真浪漫，十分好客，每每盛情款待，让倏和忽十分感动。

这两个人热心过了头，总想能帮助浑沌一些，帮什么呢？

他们看到浑沌长得很奇怪，因为他没有"七窍"，眼耳口鼻通通没有，脑袋像个球一样，看不见也听不见，不会说话，也不能吃东西，而当倏和忽看到漂亮的风景、听到悠扬的音乐、品尝到各色美食的时候，就会忍不住替浑沌惋惜，因为他都没办法享受这些美好事物。

于是，倏和忽决定帮助浑沌凿开七窍，他们用了7天，每天帮浑沌凿开一窍，七天之后，浑沌终于拥有了七窍，但也就在七窍全开那一刻，浑沌却突然死去。

初读这个故事我只觉得，唉，做人可别好心帮倒忙。

那晚我收到女孩的私信时，这个故事再次出现在我的大脑里，我好像意识到一些什么新的东西——关于一个人的成长轨迹，不应该被外界强行干预所改变，所谓"开窍""开悟"，必须得是一个人在自然的成长中，自主选择睁开眼。

时机未到，强行塞给对方一个答案，反而是破坏。

"浑沌"或许是一个人的必经之路，只有真切经历过，才知道自己想要的到底是什么。

我们能做的只是分享，仅此而已。面对更多想要快速成长、获得一张自由职业门票的朋友，我愿意无条件分享我的成长经验，愿意告诉对方阅读写作的常见方法，愿意给予爱和耐心，去陪伴对方找到自己的目标，但没有权利也没有能力，帮助一个人"走捷径"。

那些说写作 3 个月就月入过万的，大概率是骗子。

那些刚做自媒体就收获爆款的，终究是小概率事件。

我们可以为成为自由职业者，提前是学习技能、充实自己，但这一切都离不开时间的浇灌，自由不是最终目的，找到适合你的生活方式才是。

))

我在离职前，已经利用上班时间写作了五六年。

离开可以说蓄谋已久。

2016 年，我出版了第一本书，之后的每一天都会回到自己的出租屋坚持写作，有时三五千字，有时几百字，有时对着电脑一个字都写不出，仍然会保持创作的姿态，接着去阅读或者改之前的稿子，置身于把握每个细节。

这样的日子过了很久，我为自己准备了一笔不多不少的"离职基金",在决定去做自己喜欢的图书选题时,干脆提了离职。

这个过程没有那么容易。

首先第一道难题就是,如何熬过"没有钱"的阶段?作为一个普通北漂女孩,生存是第一关。

裸辞后我去横店"卧底"写书,经历过一段入不敷出的日子,图书稿费结算很慢,而我每月都有迫在眉睫的高额房租、社保,为了保持热爱,我做了很多尝试。

自由是建立在一定程度的牺牲之上的。

自由职业第一年,为赚钱我接了很多商稿。软文、新闻稿、公关文、品牌宣传……那时甲方和媒体常来约稿,因为过去的职业经历为我积累了一些资源,我也会主动出击,不放过一个项目,每个月靠写商稿,勉强能养活自己,但经常和客户"拉扯",有时一篇稿子来回改半个月。

绝望的时候,体会到那种嫁给不爱的人又无法离开对方的痛苦。

再后面,我开始开拓副业,做小红书。

既出于兴趣分享,也是我意识到时代在变化,传统纸媒、公号都在迭代,创作者需要不断注入新鲜血液。光靠接稿子无法长久,而通过自媒体输出能带来更多的内容变现路径。

脱离平台后,才是真正考验一个人能力的时候。

梦想是需要一个过渡期的。过去在职场中有基本保障,公司会提供平台资源,自己干则完全从零开始。只有你成长为一个真诚的、值得被信任的超级个体,才能真正做到让热爱变现。

全职写作尤其考验心态。

"有班可上"的时候,生活在一个既定轨迹里,再怎么焦虑也会被推着往前走。不上班以后会经常陷入自我怀疑:怎么今天产出这么低?我是不是浪费时间了?这样写下去会有未来吗?……自由职业要求一个人的自我修复能力、自我的心理建设能力都很强。

一人公司中,个人既是统筹全局的 CEO,也是负责拧螺丝的打工人,弄清楚大方向后更重要的是每天落实到行动,学会和不确定性相处,保持自己的好奇心和学习能力。

在这些不上班的日子里,我的成长甚至远超过职场。在我看来,自由职业要提高自身能力,才能进退有余。这样哪天自由职业做腻歪了,回去上班,依然扛打。乔布斯的名言"Stay hungry, stay foolish(求知若渴,虚心若愚)",就是要警醒自我避开这种过分脆弱的知足。

))

上班只有一个固定频道,不上班可以多线调频。

此刻的状态就是我的理想生活:贩卖时间,但不贩卖自我。

每天带着一个帆布包、一台电脑、一支笔,游荡在城市的缝隙里,随时随地都能坐下写作。在落日熟透后,北斗与月亮作揖,我用想象创造着属于自己的挪亚方舟。

漂浮在巨大的不确定里我却觉得安心。写无数封给未来的情书。我和岁月四目相对时,它会认出,这时的我。

我还可以自由出行,与大部分上班族错峰旅游,买更划算的机票,租高性价比的房子,可以在任意一个日子买张车票就回老家陪伴家人。我重新回到了大自然,重新能够感受到生活里热气腾腾的那一面,阳光、晚风、星空,我都没有再错过。光是重新拥有生活这件事,我已经十分满足。

我做的事情完完全全是自己热爱的,同时因为这点不可或缺的"意义感",才更能忍受自由职业带来的一些弊端。

当然,如果没有魔鬼,人们便不会渴望上帝。

虽然身边自由职业的朋友越来越多,有在全球旅居的自由翻译者,有完全将自己的全部都交给身心灵疗愈的朋友,有人靠技能接单，有人靠企业咨询变现，有人在自己的小城开一家小而美的店铺，还有很多人借着自媒体的这艘船，不断远航……在大家互相羡慕的背后，我们也会分享和交换彼此的自由职业困境。

通常自由职业的第一阶段，最焦虑的是收入不确定，担心失去现金流。

进阶的自由职业则是运转出了一个自己的秩序感，事业和生活都找到了不错的节奏，他们的困顿处在于，是否要更进一步，是否要规模化，在理想主义和商业间要找到更好的平衡。

而那些尝试过自由职业又返回职场的朋友，每个人的不可控因素更多，有人就是天生不安感强烈，无法忍受精神漂泊；有人渴望更高效的工作模式，觉得一个人走还是太累太慢。还有一部分朋友是在周遭舆论的夹击下，比如家人的极端反对、伴侣的不满等而选择妥协。

在所有困境中，我觉得，所有自由职业的人都要面对的一个终极课题是：虚无感。当你完全脱离主流叙事，如果不做点什么，就很容易活成一座孤岛。

在亚里士多德看来，人天生就是群居动物，一个孤立的人是不可想象的。于是孤立的人组成家庭，家庭结合成部落，部落发展到国家。这是社会的自然规律。

自由职业的精彩和局限，恰恰在于这里，在于这套模式是"反本能"的，我们必须在离开工作后，自己去创造出有价值的东西，才能得以继续生活；我们既要追求热烈与自由，还要有高强度的自我约束；我们所节约的宝贵精力，会更希望投入思考、冥想、去爱、去体验，而这一切又需要你的自觉和勇气。

自由职业的"虚无感"，就像宇航员们离开地球后，是一种具体的失重，要学会自我重建生活。

必须抓住一个把手，才能不让自己无边漂浮。我的选择是写作和采访，让自己的身体和精神都"走出去"，去拥抱更广阔的世界，既是观察者，也是世界的一部分。

))

对秩序的着迷，是人类的一种顽疾。

如果我们的人生不为此失控一次，很难真正体会到生而为人的滋味。

没有什么是不朽的，包括文学。

没有什么是不变的，包括自己。

人活着就是一个不断推倒重建的过程，我始终觉得人可以自由地思考和行动，我们可以去做自己想做的任何事，前提是，想清楚这个代价,并能够承担它。

依托感受活着的我,看起来太"不着调"了。可这份对生命的跑调,恰恰也是我的特色,没有什么工作是一辈子的,但"做自己"是一辈子的。

上班的 8 小时内你是员工、是老板,可下班以后,你是你自己;在父母和孩子面前,你是女儿、是母亲,但当你拿起书本时你就是你自己。

我们这一生会拥有很多社会角色,会听到很多人的声音,看到许多种不同的人生样本,而我,永远不会放弃对自我可能性的想象,并会一直奔跑着,努力去实现它,这就是我活着的意义吧。

有天晚上骑车回家,经过朝外小街十字路口,碰到一个大哥,电动车上挂着亮晶晶的怪兽电灯,手机支架上站着"钢铁侠",脚下传出轻快的音乐,分贝不大,挨得很近,所以听得清。

我忍不住搭讪:"您这车好酷啊!"

"可不嘛,这车子就是我一个人的工作室,当然要让自己开心。"

"这么晚您是去送东西吗?"

"对,送外卖。"

我疑惑道:"那您可以穿便服?"

大哥笑笑:"公司没有硬性规定,穿上那身衣服,我就是只能是一个外卖员,但不穿工服,我可以是任何角色,更是我自己。"

随着绿灯亮起,他从我身边呼啸而过,像是这个城市流动的摆渡人,冲破了某种规则。

20 读书到底能不能改变人的命运

⟩⟩
通过阅读、写作,
最大的收获是,
它令我短短一生,活了很多次。

全职写作后，我发现这世界就是一艘巨大的"忒修斯之船"，始终处于变化、维修、更新之中，时代航行的路上，你只能站在甲板上看风光。

一艘在海上航行几百年的船，一块木板腐烂了，就会被替换掉，以此类推，直到总有一天这艘船的全部物件都不再是最初的那些了。人的外观乃至成长的纹理，都会不停发生改变，而我们能选择，不过是在大刀阔斧地修剪和小心翼翼地维护之间，给自己的心罩上一个玻璃杯，免它心碎，护它周全。

即便整个世界都在摇摇晃晃，你都不会迷失方向。

我就是靠阅读、写作，在自己的内心构筑了一个独立的小花园，它远离世俗，不受时间干扰，无人问津却自得其乐。成为自由撰稿人的这些年，我终于靠热爱过上了自己理想中的日子。

))

"一个女人想要写小说，就必须有钱，还有一间自己的房间。"

最近我们读书会共读了伍尔夫的《一间自己的房间》，我惊讶地发现，原来这么多女孩在成长过程中，都不曾拥有"一间只属于自己的房间"——包括我自己。

虽然距离伍尔夫的时代，已经过去了一百年，但女性仍没有太多做梦的权利。

我小时候住在姥姥家的平房，大伙儿通用一个卧室，连睡觉都是大通铺。后来家里买了楼房，入住后，我还是没有自己的房间。真正意义上，我拥有自己的房间，反而是在"北漂"以后，我第一次租的房子是个9平方米的次卧，尽管它非常局促，却给了我无限的自由和书写的可能性。后面几经辗转，每次租房我都会格外注意采光，我渴望拥有一扇明亮的窗户和一张温暖的书桌。

即便没有书房，也要给自己安置一张舒适的书桌。

如同此刻，我坐在书桌前敲下这些文字，柔和的灯光洒落下来，眼前这些书好似活了过来，历史书变成了"时间的说书人"，被囤积在缝隙里；小说冲我招手，日本作家川端康成的《雪国》封面绽放出一朵摇曳的红玫瑰，我内心的那座花园，突然全部苏醒，万物有灵的地方，一定需要光。

工作和生活总是不尽如人意，幸运的是，我们还是能在小小的现实里面，去阅读、去写作、去爱、去感受、去迎接光明，在逼仄的日子里活得舒展一些。

一个人的创造力，取决于她有没有好好爱自己。

当我们向着时代狂奔去，奔着所谓"更好的自己"摇旗呐喊加速时,是不是忽略了内心的小孩儿,那个需要你为她打一束光的小孩儿。

))

中学时我就曾幻想,自己将来会成为一个离群索居的作家。每天默念三遍:我会出书。正是这种日复一日的心理暗示,促使我一步步朝着想要的人生走去。事实上,任何人都能够成为自己想成为的人,只要认真去做,就能做到。

不理会内心的声音,就是在放弃自己想成为的那个人。

有一天,我路过母校,站在门口发了会儿呆。教学楼的灯意外亮着,望向右边三层楼的格子间想起自己的高中生活,叛逆、迷茫,终日埋头苦写,纸质小说写了一本又一本,被家人认为是"看闲书走火入魔"了。有次吵架我妈把我写的小说都撕了。

我的写作开端带着股浓烈的非主流式青春文学的惨烈。

那还是"学习至上"的时代,任何与学业无关的事都统称不务正业。

好在,随着我一篇篇文章的发表,一本本杂志样刊寄到家里,家人终于不再反对我写作。

至今我最感谢的人仍是我自己。是因为她的坚持,我才能出书。

那段泡在书店里的旧时光,那些不断被退稿又重来的夜晚,那堆"租来的书"都是我最宝贵的财富。没看书之前,我只能过随波逐流的生活。但从书中看了1000种不同的生活后,我知道,我也可以追求我要的人生。

那种和朝九晚五相反,独立、自在、快乐的日子。

我从书中感受到的新观点都内化于我的生活。在每一次做新选择时,我还会代入书中的那些主人公,如果是他们会怎么做?

读书并没有直接改变我的命运,而是改变了我的认知。沉闷循环的生活里,刮来一阵风,种下无数颗新的种子。

让我真正体会到"活在当下"的意义。内观自己,忠于热爱,拥有不被外界纷纷扰扰所打断心灵节奏的能力。

读书时我总感觉身处另一个世界,是时间的旅人,是具备穿越能力的魔法师,是可以和身体里不同的自己对话的人间观察者。

阅读,就是在心里旅行。

村上春树说:"读书的人无论窗外下雪还是蝉鸣都会读书,就算警察叫他'别读了',他也照样会读;而不读书的人无论发生什么都不会拿起书本。所以说,季节之类的并没有那么重要。"

一台电脑、一盏灯、一间属于自己的房间,我已经无比满足,无比幸福。我甚至感觉,我是这世界上最富足的人了!

))

　　来北京作协听阿来老师的讲座。
　　聊到功利读书论,他说,不要试着找一本"有用"的书。
　　深有同感。事实上,没有任何一个人、一本书、一种生活经验适用于每个人。我们既要看到眼前这一棵树,也要走进广阔的森林。

　　自从深入到具体的生活中,我越来越了解我自己了。
　　全职写作这四年,我逐渐变成一个物欲较低的人,比起新款包包、好看的裙子、横行霸道的消费主义,我的注意力慢慢一点点回到了自己身上,我不再热衷于出门社交,我发现我也不需要那么多精致的点缀了。

　　其实一个人活在世上,真正需要的东西并不太多。
　　我想要爱,想要生活在有光的地方,想要去不停经历、体验、书写,想要在这个快节奏的时代里,放慢脚步,去感受生命本身的流动。
　　我的书房里承载过许多个我:无所事事的我、手忙脚乱的我、在白日梦和深夜胡思乱想里不停切换的我……这些书陪我度过了潮湿岁月，都注入了热爱的力量，开出一朵朵形色各异的花朵。

我可以接受"热爱"的背后不再是非黑即白，翻滚到我脚边的浪花，有着洁净的作用，也偶尔会夹杂着一些泥沙，我所有希冀的浪漫，都可能蕴藏着冷酷的一面。我的心更打开了。不再排斥任何一种情况发生。

就像今天很多人问我，短视频的爆火，ChatGPT 的出现，会不会影响你写作？会不会影响你对文字的热爱？

答案是：不会。

永远不会。

就像在工业革命时期，汽车出现了，有人说人类要灭亡，因为大家可能以后就不走路了。但事实上，人类不仅没有灭亡，走路、跑步、City walk（城市漫步）还成为年轻人的时髦。

文字的意义从来不是追逐，而是连接。

它有着穿透时间和空间的力量，可以把所有不可思议的灵魂都汇聚到一起。直到此刻，你还是可以任意与李白、博尔赫斯、柏拉图等人进行对话。

通过阅读、写作，最大的收获是它令我，短短一生，活了很多次。

祝你
拥有不必通往罗马的自由

21

))

有的人出生就站在罗马,
但我们一路走走停停,逛过去,也收获了风景;
有的人行驶到半路突然惊觉,
原来罗马并不是自己要去的终点站,
索性停下,
在路边支个摊子,开间小酒馆,
变成风景里独特的一部分。

人生是不是旷野不重要,
重要的是"在路上"。

我在 20 岁时常纠结：

回家乡还是留在一线城市？

到底要和什么样的人在一起？

如何平衡个人爱好和职业成长？

……

这些问题在互联网广泛的生存焦虑中如影随形，如果执着于一个明确的答案，总有人告诉你"毕业得进大厂""30 岁前女孩要有套自己的房子""35 岁再不结婚生孩子就掉队啦"，社会给我们设立了一个又一个的坐标轴，等着你打卡拍照。

从小我们就被教育得有一个梦想。

你没有一个明确的目标，仿佛就不能进行人生这场游戏，可真实的世界里不是每个人都有梦想，也不是每个梦想都能被实现——即便如此，微小的我们也在奋力探索着。

))

"这个班真的非上不可吗？"

我们读书会里几个面临毕业的年轻朋友，热火朝天地讨论起来。

这也是我平生第一次认真思考。

人可以不就业吗？

这句话被我打在电脑里的此刻,下意识地心惊,好像这是什么"大逆不道"的言论一样,但带有独立思考的书写才有意义。

行动是自由的,为何我们如此不快乐?
年轻人到底向往什么样的工作?
在理想与现实之间,是否存在一种权衡之术?

从前些年大火的日剧《我,到点下班》,到近年来"大厂裸辞去追求人生是旷野"的年轻人,青年们的阅读读物,也从小资的时尚杂志到更能走进真实世界的《工作、消费主义和新穷人》,好像越来越多的年轻人在主动打碎滤镜,走出象牙塔,前往真实世界,并且开始有意识地主动探索个人的工作哲学。

跳出老旧的职场规则,越来越多00后"反客为主",这样的现象背后其实是新一代年轻人的自我意识觉醒。

混沌的时代,我们要先读懂自己的内心独白。

))

我和阿羽是在一次文化研讨会上认识的。
她是Z时代的年轻人,在北京外国语大学读书,专业是法学,相识没多久她就去法国留学做交换生了,原以为下次见面要很久很久,没想到,在这个春天,我们再次见面。

得知她是休学回国,选择间隔一段时间来自我探索,我还是非常惊讶。

"你家人同意吗?"

"同意呀,我的休学申请书还是妈妈给我签的字。"阿羽顶着一头可爱的羊毛卷,笑起来像是童话里的人物。

走在四月的朝阳公园里,工作日人很少。

微风和煦,湖面泛光,我们聊起彼此最近两年的尝试,她给我讲自己在法国的家庭寄宿生活,说太馋国内的火锅和鸡蛋仔了,在异国他乡的日子,成长很快,向来不擅长生活的她变得能够独自解决问题了,但是和法语打交道越深,阿羽的内心就越来越浮现出一个问号,这真的是她喜欢的事情吗?

好像比起成为一名翻译,或者将来进入外资企业成为典型的都市白领,阿羽更喜欢与人打交道,更喜欢交流和分享,也更在意个体的价值。

她和我说,她在学业之余辅修了心理学的一些课程,还了解到"人生教练"这个新型的职业,她选择休学一年,就是想要通过自己的力量去实践,看看什么样的职业方向会是自己更想要抵达的彼岸。

在阿羽的身边，我竟也神奇地放松下来。

这段时间恰恰是我写作的瓶颈期，夜夜失眠，状态不太好，总是担心写不出好的东西来，而和这个年轻的、有趣的"小朋友"在一起，好像不那么紧张了。

我关掉手机，和她在朝阳公园疯玩了一天，两个人坐了减速版的"儿童跳楼机"，在海盗船的船尾高高吊起的时候张开双臂、放肆尖叫，在鬼屋里认真讨论"在游乐场工作是一种什么样的体验"，累了就坐在路边的长椅，感受阳光、虫鸣和呼吸，原来当我们跳出既定的生活剧本时，会恍然发现，自己不只是演员，更是可以主宰命运的导演和编剧。

阿羽说她刚开始提出"休学"这个想法时，身边有人觉得很疯狂，但当她和父母认真沟通过后，和学校的老师、学姐们抽丝剥茧讲出自己内心的真实想法后，大家还是鼓励她，用她自己的方式去成为自己。

人生很漫长，你不必慌张。

当我们全身心投入自己认为值得的工作时，就是一种修行。

))

在和阿羽聊过后，我也意识到可能是我们过去把"工作"理解得太狭隘了，认为必须坐在办公室，必须朝九晚五，必须追求高薪和晋升……

可总有那么一小部分人的追求并不在此，倘若可以用自己的方式"踩"出一条路来，也未尝不可，前提是可以解决温饱问题。

二十多岁正是疯狂试错的年纪，人生谁不是一边跌倒一边爬起来呢？

阿羽说她现在已经开始接一些朋友的咨询了。

未来并不确定是否会成为一名全职的"人生教练"，但和每个人沟通后，都让她对这个世界产生更浓郁的好奇心，接触的各行各业的人多了，亦能打开她的视角，增长见闻。

像她这样的年轻人越来越多，去生活中"实习"，不再是特例。

马克思说人的本质是劳动，劳动是人和动物的根本区别。只要是能够给社会创造价值的劳动，就都是有意义的，无论它的形式是上班，是干副业，还是其他更多元化的探索。

我另一个好朋友泛函有着和阿羽完全不同的想法。

他从大一开始就不断折腾，没毕业时，就已经有多份精彩的职业履历，去互联网大厂实习，登上演讲舞台；作为实操派选手，参与了好几个从 0 到 1 的项目；在知名媒体担任课程主编，在社交媒体上也小有名气；无论是在大厂，还是在创业公司，他都干得不错。

永远创意无限，永远活力满满。带着"学习到的一切皆能为我所用"的心态，泛函在互联网上愣是闯出了一条自己的自媒体之路。

阿羽是"佛系"、松弛感和内心丰盈的代表；泛函则是面对自己想要的人生，永远第一时间精准出击。

这两个人都是我身边优秀的年轻朋友，却是两种完全不同的生活方式和职业观。现在年轻人的选择好像更多元，互联网上流行的说法是"00 后整顿职场"，在真实世界里，倒像是另一个维度的探索。

他们更懂得勇敢争取自己的权益。
他们反对职场 PUA，忠实于自己的情绪健康。
他们并不惧怕"权威感"，而是更听从自己的内心。

比起对"铁饭碗"的追逐，他们更加综合判断自己的职业发展；比起传统的优绩主义、结果主义，他们并不执着于某一次成功,而是更看重自己长期的探索。

所以无论是勇闯职场的热血青年,还是选择"慢一点,先去看世界"的不同探索,都印证了新一代青年们对自我的追求,拉丁语中有句谚语说,比完成活儿更重要的是完善干活人的人格。只有先找到自己,才能找到所谓的"好工作"。

))

除了和刚毕业的朋友们探讨之外,我也和职场上的学长学姐们展开了一些多维度的分享。

为什么越来越多的年轻人不想上班了?

此前我们常常觉得是"物质问题",很多人下意识会觉得,如果我赚够了钱就选择远离工作。

可我身边一个蛮有钱的朋友坦言,她自身的职业积累已经带她实现了世俗眼中的"财富自由",可她依然没有办法脱离职场,理由是觉得"不上班没有安全感",觉得工作带给她的核心价值不是金钱,而是在这个社会一种生而为人的价值体现。

她用自己很喜欢的作家稻盛和夫的语言来表达:人类活动中,劳动带来至高无上的喜悦,工作占据人生最大的比重。如果不能在劳动中、在工作中获得充实感,那么,即便在别的地方找到快乐,我们最终也会感觉空虚和缺憾。

我好奇道:"这种劳动必须通过工作获得吗?"

她想了想,摇摇头。

"你这么一说,我好像有了新的感悟,其实是因为过去这么多年我的全部重心都在工作上,所以我的价值来源也是工作——假设我没有这份工作,但依然能通过自主创业或其他形式来创造属于'我'这个人的个体价值,我也可以选择离开职场。"

我问:"这就是传说中的'只工作,不上班'吗?"

朋友双眼放光,说:"对!就是你形容的这种状态。"

只工作,不上班,成为越来越多年轻人的职业愿景。

有些时候,大家并不是想"逃离工作",而是想逃离不喜欢的氛围、不适合的工作环境,所以比起试图随便跳槽换一份工作来改善生活,真正的课题其实是向内观,问问我们自己到底想要过什么样的人生。

这个时代,没有一劳永逸的工作模式。

随着 AI 智能化时代的到来,随着我们生产力结构的调整和时代进程中不断瓦解的社群结构,会有越来越多的人逐渐进入一种新型工作状态,不再依托于旧时职业晋升路径,工作不再有通用指南,每个人都要依靠自己的力量去探索属于自己的成长路径。

比起等待和焦虑，我们真正要做的是从此刻起，主动链接这个世界，而不是被动改变。要有"自我革命"的精神，不能永远停留在原地，一次次用自己的方式去重铸眼前的路。

))

跳出框架，去描绘自己的蓝图。尽早通过实习、副业、靠近榜样，去看到人生更多可能性。向内提升自我，向外释放信号。

有的人出生就站在罗马，但我们一路走走停停，逛过去，也收获了风景；有的人行驶到半路突然惊觉，原来罗马并不是自己要去的终点站，索性停下，在路边支个摊子，开间小酒馆，变成风景里独特的一部分。

无论上班与否，只要能够用自己的方式养活自己，就很了不起。

不要被这个世界所定义。不知道是从什么时候起，我发现，自己压根不想去"罗马"，人人羡煞的目的地，我就要去吗？

你拥有不站上更大舞台的权利。

成功与否不是被他人定义的，小时候你想成为演员，长大后去鬼屋当NPC（非玩家角色），还是做着喜欢的事；你想成为改变人类命运的企业家,失业后,回乡开了小卖部,送一瓶水给环卫工人,何尝不是实现了自己的人生价值?

风吹哪页读哪页,人生是不是旷野不重要,重要的是"在路上"。

图书在版编目（CIP）数据

野心是看不见的排名 / 闫晓雨著. -- 北京：新世界出版社, 2025.6. -- ISBN 978-7-5104-8125-3
Ⅰ. B848.4-53
中国国家版本馆 CIP 数据核字第 2025538XT2 号

野心是看不见的排名

作　　者：	闫晓雨
责任编辑：	周　帆
责任校对：	宣　慧　张杰楠
责任印制：	王宝根
出　　版：	新世界出版社
网　　址：	http://www.nwp.com.cn
社　　址：	北京西城区百万庄大街24号（100037）
发 行 部：	（010）6899 5968（电话）　（010）6899 0635（电话）
总 编 室：	（010）6899 5424（电话）　（010）6832 6679（传真）
版 权 部：	+8610 6899 6306（电话）　nwpcd@sina.com（电邮）
印　　刷：	吉林省吉广国际广告股份有限公司
经　　销：	新华书店
开　　本：	880mm×1230mm　1/32　尺寸：145mm×210mm
字　　数：	174千字　印张：8.5
版　　次：	2025年6月第1版　2025年6月第1次印刷
书　　号：	ISBN 978-7-5104-8125-3
定　　价：	52.80元

版权所有，侵权必究
凡购本社图书如有缺页、倒页、脱页等印装错误，可随时退换。
客服电话：（010）6899 8638